地震和地下水
协同作用下边坡稳定性评价

黄帅 著

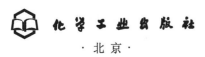
化学工业出版社

·北京·

内 容 简 介

本书是国内第一部研究地震和地下水协同作用下边坡地震稳定性的学术专著，集作者近十年在岩土工程抗震领域理论分析、数值模拟、模型试验、震害对比及工程实践方面的研究成果于一体，较为系统地总结阐述了作者在边坡地震动力响应的影响因素及规律、动力损伤破坏模拟模型和方法、破坏机理与失效模式、抗震设计理论与方法及工程应用等方面取得的系列创新成果。本书融合地震工程与岩土工程的专业知识，系统地构建了不同类型边坡在地震、地震与地下水协同作用及降雨外部因素影响下的抗震设计理论与方法，内容严谨且完整，各章内容既有联系又相对独立，具有重要的学术价值和工程应用参考价值。

本书可供广大土木工程师、土木工程院校师生、岩土工程防灾减灾研究人员阅读和参考。

图书在版编目（CIP）数据

地震和地下水协同作用下边坡稳定性评价/黄帅
著. —北京：化学工业出版社，2020.11
ISBN 978-7-122-37600-8

Ⅰ.①地…　Ⅱ.①黄…　Ⅲ.①地震-作用-边坡稳定性-
评价②地下水-作用-边坡稳定性-评价　Ⅳ.①TV698.2

中国版本图书馆 CIP 数据核字（2020）第 157763 号

责任编辑：彭明兰　　　　　　　　　　文字编辑：邹　宁
责任校对：刘　颖　　　　　　　　　　装帧设计：刘丽华

出版发行：化学工业出版社（北京市东城区青年湖南街 13 号　邮政编码 100011）
印　　装：北京盛通商印快线网络科技有限公司
710mm×1000mm　1/16　印张 13　字数 288 千字　2020 年 11 月北京第 1 版第 1 次印刷

购书咨询：010-64518888　　　　　　　售后服务：010-64518899
网　　址：http://www.cip.com.cn
凡购买本书，如有缺损质量问题，本社销售中心负责调换。

定　　价：78.00 元

前　言

近年来，地震和降雨频繁发生，铁路灾害形式呈现出了新特征，按照现行抗震规范设计的边坡在地震中仍受到了大量的破坏，这表明抗震设计理论和方法还需进一步研究和发展。地震或余震发生期间，降雨的不断发生使得边坡处于不同的地下水位状态，边坡面临地下水和地震作用的双重影响。但是，现行的抗震规范往往是分别考虑地震或地下水对边坡的影响进行边坡工程抗震设计，忽略了地震作用下动孔隙水压力对边坡稳定性的影响，并且对于动孔隙水压力的影响也没有给出明确的设计说明。

本书集作者近十年在岩土工程抗震领域理论分析、数值模拟、模型试验、震害对比及工程实践方面的研究成果于一体，较为系统地总结阐述了作者在边坡地震动力响应的影响因素及规律、动力损伤破坏模拟模型和方法、破坏机理与失效模式、抗震设计理论与方法及工程应用等方面取得的系列创新成果。本专著首先在总结国内外文献及已有研究成果的基础上，对国内外边坡地震稳定性评价方法进行对比分析，并基于转动平衡理论和 Newmark 滑块法推导了边坡永久位移计算方法，将地震作用下动孔隙水压力比与液化抵抗率的关系式代入永久位移计算公式中，建立了考虑地震作用下动孔隙水压力影响的边坡永久位移简便计算方法；基于正交试验法研究了对边坡稳定性产生影响的因素（内摩擦角、设计峰值加速度、坡角、黏聚力、地下水位高度），进行了敏感性分析，得出内摩擦角对砂质边坡稳定性影响最大的结论；基于拟静力法研究了不同地下水位对边坡安全系数、应力、应变和位移的影响规律，明确了不考虑动孔隙水压力影响时，不同地下水位变化对边坡稳定性能的影响规律；通过砂质边坡弹塑性时程，研究了近远场地震作用下不同地下水位对边坡地震动力响应和稳定性的影响规律，明确了地下水位变化对边坡动力加速度、位移和动孔隙水压力的影响规律，并基于动三轴试验建立了动孔隙水压力与最大偏应力和平均有效应力的拟合关系式，并对边坡稳定性极限平衡法进行了修正，得出动孔隙水压力对边坡稳定性影响明显的结论；开展了砂

I

质边坡的振动台试验研究，分析了不同地下水位下边坡的自振特性，明确了地震作用下地下水对边坡稳定性和破坏模式的影响规律，再现了地震作用下砂质边坡的渐进性破坏过程；将振动台试验结果与本书建议的永久位移简便方法、永久位移与安全系数的拟合关系式、动孔隙水压力与偏差应力及平均有效主应力的拟合关系式、数值模拟结果进行了对比，验证了其准确性；最后基于室内振动台试验研究了边坡失稳破坏后落石的崩塌距离，明确了不同地震频谱特性、地震场地类型、坡形、地下水位高度以及不同落石形状和大小下边坡发生崩塌落石的临界阈值；研究了降雨持续时间、降雨强度对边坡安全系数和应力应变的影响以及边坡土体强度（黏聚力和内摩擦角）、抗滑桩对边坡安全系数的影响；针对两种典型的岩质边坡（顺层边坡和软硬互层边坡）地震稳定性进行了分析，研究了顺层边坡结构面各因素对边坡安全系数和破坏模式的影响规律，并基于正交试验分析了结构面各参数对边坡稳定性影响的敏感性；考虑水平地震和竖向地震共同作用下，研究了近远场地震作用下边坡的动力响应规律及边坡响应的频谱特性。

本专著的相关研究内容先后得到国家自然科学基金青年项目、北京市自然科学基金青年项目、国家重点研发计划项目、北京市优秀人才青年骨干个人项目、中央级公益性科研院所基本科研业务等科研项目的资助。作者对国家自然科学基金委员会、北京市自然基金科学委员会、北京市委组织部等相关部门的长期支持表示最诚挚的感谢！

作者虽长期从事防灾减灾工程领域的科学研究与工程实践，但囿于知识面的局限性，书中难免存在不妥之处，敬请读者批评赐教。

著　者

2020 年 6 月

扫描此二维码可查
看本书部分彩图

目 录

第4章

第5章

V

第1章

边坡地震稳定性评价方法及研究现状

1.1 边坡的典型破坏案例

我国幅员辽阔，地质构造复杂，约2/3的国土为山地。随着高速铁路建设的飞跃发展，更多的高速铁路将在山区修建，山区铁路边坡分布尤为广泛，包括路堑边坡、隧道进出口仰坡等人工开挖边坡和天然山坡，以及桥基河谷岸坡等，这些边坡的稳定性密切关系着铁路运输的安全。据统计，我国西部地区年降水量表现出普遍增加的趋势[1]，尤其是降雨集中时期，会导致边坡地下水位的升高，对边坡的稳定性极为不利。除了西部地区覆盖大量砂质土外，在已经修建的高铁沿线也存有大量的砂质土，特别是湿地地区，例如京沪高铁沿线经过黄河湿地，存有大量的砂质土边坡。由于砂质土边坡渗透性比一般的黏性土大，在渗透力作用下极易引发边坡失稳破坏，严重影响着边坡的稳定性。

据日本的防灾资料统计，造成铁路运营灾害的各因素所占的比例如表1-1所列。

表 1-1 日本铁路灾害因素统计

灾害类型	比例	灾害类型	比例
水害造成路基流失	13%	落石倒树	15%
塌方	33%	桥梁倒塌	1%
泥石流	17%	护坡毁坏	1%
筑堤毁坏	20%		

诱发滑坡的外界载荷主要包括地震和降雨，而近年来地震频繁发生，呈现出震级较大、震源浅、余震不断且地震期间降雨不断的新特征，引起了广泛关注。2008年5月，汶川地震作用导致铁路沿线边坡碎裂岩体（或堆积体）沿着结构面或岩土层与基岩接触面滑动，导致岩块塌落，例如，宝成线金龟岩大桥右侧200m高处陡岩在地震时发生坍塌，落石砸坏桥台（图1-1）；广岳铁路上体积近100m^{3}的落石滑落（图1-2）。

2012年9月的云贵地震仅为5.7级，却在云贵交界处引发了大量的崩塌破坏，崩塌61处，滑坡3处，导致道路不断被堵，并造成边坡底部大量房屋被摧毁（图1-3）。

图 1-1　宝成线陡岩滑塌图　　　　　　图 1-2　广岳铁路沿线边坡的落石

图 1-3　云贵地震中落石损坏大量房屋和道路

　　2010 年 4 月青海省玉树县发生 7.1 级地震，诱发了边坡滑坡、崩塌和山体震裂等地质灾害 282 处，其中崩塌 92 处。2013 年 4 月四川雅安发生 7.0 级地震，地震余震及降雨诱发了大量的崩塌滑坡，公路和铁路两侧边坡发生了大量的崩塌（落石）等地质灾害，如图 1-4 所示。

图 1-4　雅安地震发生崩塌（落石）

　　由于降雨的强度和持续时间明显增加，我国降雨导致的铁路边坡滑坡也呈现出新的特征。强降雨后，土质边坡地下水位上升，使得边坡处于不同的地下水位状态，地震发生时，地震和地下水的双重影响对边坡稳定性影响极为不利。近年来，强降雨引发的边坡滑坡灾害频繁发生，例如，2005 年 6 月，连续的强降雨导致渝黔铁路边坡出现大面积滑坡，2000 余立方米的泥石流夹裹巨石顺坡径滑向铁轨，导致列车一侧被挤出铁轨（图1-5）。2005年8月，襄渝铁路路基下部发生严重滑坡，造成铁路路基下长100m、宽14m、深7m的大坑，致使长约30米的铁轨悬空（图1-6）。

图1-5　渝黔铁路沿线滑坡　　　　　　图1-6　襄渝铁路路基滑坡

　　2010年6月，持续强降雨使得边坡内水压力升高，导致南昌铁路16处先后出现不同程度的水害或塌方险情，其中两处塌方达200～400m³（图1-7）。2010年7月，川黔铁路因暴雨作用导致沿线边坡含水量增加，基质吸力降低乃至消失，土体抗剪强度大幅下降，进而诱发边坡变形破坏，发生山体滑坡，导致铁路被迫中断，滑坡量达3000m³左右（图1-8）。

图1-7　南昌铁路沿线塌方　　　　　　图1-8　川黔铁路滑坡

　　2010年6月，受连日暴雨影响，福建省境内漳龙铁路多处发生山体滑坡、泥石流等灾害，铁路运输被迫中断，多辆列车滞留（图1-9）。2010年6月，受强降雨的影响，降雨入渗使得边坡土体非饱和区的含水量增大，内聚力降低，孔隙水压力增大，而导致边坡体强度降低，水压力升高，最终降低边坡的稳定性，使得双峰县娄邵铁路K127处发生大面积山体滑坡，塌方量多达13000m³（图1-10）。

　　通过以上灾害事例，可以看出地震和降雨成为诱发滑坡的主要外界因素。尤其是砂质边坡内孔隙大，不仅改变了土体的力学性质，降低了其强度指标和变形模量，同时也严重地影响土体的抗渗透性能。据统计，大约90%的自然边坡和人工边坡的破坏与渗流有关[2,3]。尤其是地震作用进一步加强了地下水与土体骨架的相互作用，孔隙压突然升高，甚至引发土体结构的液化，严重影响着边坡的稳定性。

图 1-9　漳龙铁路山体滑坡

图 1-10　娄邵铁路滑坡

　　砂土边坡在铁路工程中大量存在，例如，包兰铁路宁夏段铁路路基主体填料大部分为粉细砂，间或夹有细、粗砂土壤。遇到洪水浸泡，在列车荷载作用下，还会产生振动液化现象，造成路基下沉。达万铁路 DK30＋586～DK30＋654 地段为填方路基，填高 15m 左右，地形较为平坦，右侧山坡露出的基层有泥岩、页岩夹砂岩，左侧地表层有 6m 厚的砂黏土。北疆线（兰新线乌鲁木齐—阿拉山口段）由于其所处自然地理位置特殊，沿线自然环境和水文、地质条件及生态环境又在不断地演化。该地带微向平原腹地倾斜，其岩性为：前沿地带多有不宽的砂砾石带，向北渐变为灰黄色砂黏土或黏砂土，夹有粉细砂，一般厚度为 2～20m。砾石层多由砾砂、粗砂、圆砾组成，夹有砂黏土或黏砂土透镜体，厚度几十米甚至上百米。京九线 K650＋285～K718＋319（其中 K665～K678 绕行）双线非电气化段，绝大部分路堤处于黄河故道冲积平原内，高 2～9m、路肩宽度 0.1～0.4m。北段：黄河冲积平原，地层上部为黏土，褐黄、灰色夹 $I_p \le 10$ 的砂黏土和黏砂土透镜体，厚 6～13m。其中黏土呈硬～软塑状，具裂土性质；$I_p \le 10$ 的砂黏土和黏砂土呈流塑～软塑状。地层中部粉砂、黏砂土夹薄层或透镜状砂黏土，松散、中密饱和，厚 4～7m。地层下部砂黏土与黏土及粉砂互层，黏土、黏砂土呈软塑状，粉砂中密饱和，厚度＞5m。地下水位埋深：雨季为 2～4m，枯水期为 4～6m。0～15m 深度区的粉砂及 $I_p \le 10$ 的砂黏土和黏砂土可液化层上部 $\delta_0 = 80～100kPa$，下部 $\delta = 130～200kPa$。❶ 京沪高速铁路是连接京津地区和长江三角洲两大经济区的枢纽。线路须经过大面积液化土区域，这些区域主要为海河流域、黄河冲游积区、老黄河故道及其他河流冲淤积区，而且位于 7～9 度高烈度区。对于该段高速铁路，路基在地震下的破坏主要是由饱和粉土地基液化、侧向流动及路堤破坏所造成的。由于液化所引起的路基破坏严重影响了列车的运营。由于铁路途经线路长，涉及区域广，尤其是我国西南山区雨量大，且多为暴雨，夏季尤甚，使铁路工程面临复杂的气象水文地质条件。其中地表水、地下水和降雨因素对工程影响较大，并且相互影响、相互作用。

　　现有的铁路抗震设计规范规定液化土层和软弱土层不宜直接作为路基和构造物的地基，要求在这两类土层上填筑路基时，应根据具体情况采取适当措施，例如换土、反压护道、降低填土高度等，同时还给出了地基土液化的判别方法。尽管如此，现有规范也很难为考虑砂土液化问题的道路边坡工程设计提供可操作性的条文。汶川

---

❶ δ_0 为初始上覆压力，δ 为地震作用下的下覆压力。

地震震害调研资料表明，此类工程问题也是较为突出的。欧洲抗震设计规范 Eurocode 8[1] 中规定：当饱和砂土的深度位于距地面 15m 以下时，可以不进行砂土液化敏感性的评估。我国《建筑抗震设计规范（2016 年版）》（GB 50011—2010）规定：存在饱和砂土和饱和粉土（不含黄土）的地基，除 6 度设防外，应进行液化判别。

历来各大地震中，砂土液化现象多有发生，1906 年的 San Francisco 地震、1964 年的 Alaska 地震与日本新潟地震、1971 年的美国 San Fernado 地震、1976 年唐山地震、1983 年 Nihokai Chubu 地震、1989 年的 Loma Prieta 地震、1990 年菲律宾地震、1995 年的日本 Kobe 地震、1999 年的台湾 9·21 集集地震、2008 年我国的 5·12 汶川地震以及 2010 年的玉树地震都发生了严重的液化破坏。例如，我国 2008 年 5 月的汶川地震，213 国道上临近映秀镇处，道路一侧是岷江支流，临河侧的路堤边坡尽管设置了较为坚固的混凝土路肩挡墙，但坡脚位于砂层地段，地震造成坡脚砂土液化，挡墙严重坍塌，路基发生较大程度的破坏，引发路面出现很大的沉降，破损极为严重，如图 1-11 所示。汶川县庙子坪一处河谷路堤边坡，坡体属于第四系冲洪积物，坡脚处为砂质性底层地下水位高。在地震力作用下发生砂土液化现象，使坡脚失稳，造成下部挡墙和上部锚杆框架地梁破坏，最终发生坡体滑坡，如图 1-12 所示。

图 1-11　河岸路肩墙因砂土液化发生破坏　　图 1-12　汶川县庙子坪一处河谷路堤边坡破坏

2010 年玉树地震造成的砂土液化虽然较少，但也造成了明显的地质灾害，例如，在扎曲一带，公路路基下伏为河漫滩相砂土，地下水位浅，在地震作用下砂土液化引发路基变形，致使路面波状起伏并发生开裂，如图 1-13 所示。在隆宝湿地自然保护区，玉树-治多公路路基下伏沼泽相淤泥质土，在地震作用下软土发生流变，引起路面开裂滑移，进而诱发公路边坡稳定性变差，如图 1-14 所示。

2011 年 3 月 10 日中缅边境附近的云南省德宏傣族景颇族自治州盈江县发生 Ms5 级地震，震源深度 10km，砂土液化广泛发育，约 19km 长的盈江河堤开裂。5 级地震诱发如此大的次生灾害是近年来少有的。砂土液化是本次盈江地震震损严重的主要原因之一，在地表产生喷砂冒水、砂土体侧向滑动、地面开裂和下沉等次生地质灾害，对房屋、江堤、道路、水利设施和电线杆等构（建）筑物造成了较大破坏。

❶　Eurocode 8：Design of structures for earthquake resistance-Part 2：Bridges，EN 1998-2：2005（E）[S]，European committee for standardization. 2005.

图 1-13　扎曲北侧公路路基变形　　　　图 1-14　地震诱发隆宝湿地路基变形

相对而言，地震通常持时较短，降雨则可能持续时间较长。表面看来，降雨后发生地震的概率极小，但是 2008 年后汶川特大地震的余震之多、之强，使地震的持续影响时间大大超出了已有的认知，且汶川特大地震灾区属于降雨较为充沛的区域，强降雨天气常遇，使得地震期间发生降雨的概率增加，例如 2008 年汶川地震发生 4.0 级以上的余震达 316 次，其中 5.0 以上余震达到 48 次；2013 年 4 月 20 日雅安发生地震，21～24 日均出现降雨，而余震截至 4 月 24 日，共发生 4045 次；2013 年 7 月 22 日甘肃定西发生 6.6 级地震，7 月 23 日出现降雨，而余震持续到 7 月 26 日，总计发生 820 次。2013 年 7 月 22 日甘肃定西发生 6.6 级地震，7 月 23 日出现降雨，而余震持续到 7 月 26 日，总计发生 820 次。由此可见，近几年大地震发生期间均出现了降雨，使得不同地下水位下边坡地震稳定性分析至关重要。降雨期间地下水位升高，加上地震后土质疏松，在地震作用下将使得滑坡的概率增加，且在地震作用下处于不同地下水位的边坡将会表现出与无地下水时边坡不同的动力响应和破坏形式。因此，研究地下水对边坡地震动力响应和边坡破坏模式的影响对边坡的抗震设计具有重要意义。

综上所述，近年来随着自然灾害（降雨、地震等）频繁发生，其引发的大量滑坡给我国带来了巨大的经济损失和生命财产损失。因此，如何防止边坡尤其是土质边坡在地震动作用下的失稳破坏，已成为目前亟待解决问题之一。在当前边坡的地震稳定性分析中，仍是以假定边坡为剪切破坏为主，通过极限平衡计算边坡的安全系数，其中将地震作用采用拟静力法进行考虑，以此评价地震边坡的稳定性。然而，近几年来大量的铁路边坡的滑坡灾害实例，尤其是汶川地震中大量的边坡破坏现象均表明，目前的边坡稳定性评价方法已不能完全满足边坡服役期间的安全性能评价。岩土构筑物抗震设防的核心问题已逐步由强度控制标准逐渐转变为变形控制标准。基于变形的设计方法是目前最重要的抗震设计理论之一。基于此，研究不同地下水位下边坡地震动力响应和稳定性对铁路的安全运营和建设具有重要的意义。

1.2　边坡稳定性分析的国内外研究现状

1.2.1　边坡稳定性分析方法研究现状

对于土质边坡来说，被广泛应用的方法为条分法和有限元方法[4,5]。在分析手段上，通过引入新学科、新理论，逐渐发展起一些新的方法，如可靠性分析法、模糊分级评判法、系统工程地质分析法、灰色系统理论分析法等。此外，将物理模型方法和现场监测分析方法相结合等也是发展趋势之一[6,7]。

随着计算机技术的不断发展，有限元法成为新的趋势[8,9]。在边坡稳定性分析方法方面，国外的Rabie[10]基于传统的极限平衡法和有限元法研究了降雨入渗对边坡稳定性的影响，得出传统的极限平衡法进行边坡稳定性评估较为保守。Jibson[11]总结了边坡稳定性分析的方法，并指出Newmark提出的滑块分析法应用简便，为边坡地震稳定性分析提供了便捷有效的评价方法。Siad[12]推导了以平面失稳机制为主的边坡的稳定性上限系数的公式，给出了不同破裂面摩擦角的稳定性系数上限曲线。Angeli[13]将遗传算法应用到边坡稳定分析中，克服了传统分析方法容易进入局部极小化的缺点。Sudret[14]探讨了有限元可靠度分析中位移和应力对基本变量的敏感性计算。

国内郑颖人等[15,16]提出了地震边坡完全动力分析方法。王建钧等[17]论述了陡高边坡稳定性分析的方法。李帆等[18]利用有限元法对边坡稳定性进行分析。谭晓慧[19]在分析和评价现有的边坡稳定性分析方法的基础上，进行了均质土坡及非均质土坡的可靠度对比分析。汪世晗[20]利用有限元法研究了边坡高度和坡度对边坡稳定性的影响，得出安全系数与边坡高度和坡度的关系。王威等[21]基于分形基本理论提出了基于分形-插值模型的边坡地震稳定性评价方法。杨长卫等[22]基于弹性波动理论和概化地质分析模型，提出了SV波作用下岩质边坡地震稳定性的时频分析方法。徐存东等[23]以物元模型的可拓学理论为基础，提出了针对大坝坝坡稳定性评价的可拓学评价方法。董捷[24]等提出了一种能够考虑滑体沿不同岩层界面及纵向裂隙发生滑动的稳定性分析方法。肖锐铧等[25]提出了一种针对非均质边坡的"多级次"评价方法。董建华等[26]利用遗传算法对最危险滑移面的圆心进行动态搜索，实现了锚固边坡动力稳定最小安全系数的自动寻优。李元松等[27]提出了模糊逻辑与神经网络相结合的边坡稳定性评价方法。徐栋栋[28]考虑到不同区间安全系数的权值，提出了一种新的动安全系数评价方法。陈善雄等[29]采用极限平衡分析方法，建立了一套能考虑水分入渗的非饱和土边坡的稳定性分析方法。靳付成[30]分析了今后边坡稳定问题研究的发展趋势。王玉平等[31]详细分析了边坡稳定性分析方法的最新进展和边坡稳定性分析中的新方法、新理论及各种方法的优缺点。殷宗泽等[32]提出了一种以条分法为基础的近似反映裂隙影响的膨胀土边坡稳定性分析方法。张强勇等[33]提出了能考虑雾化雨入渗效应的边坡稳定性分析方法——改进SARMA法。高涛等[34]分别采用Bishop法和Jan-bu法在未考虑地下水和考虑地下水的两种情况下计算了各级边坡的安全系数。

传统的边坡稳定性分析采用定值分析法，而地震作用下边坡的安全系数并非为一定值，地震作为短暂作用的往返荷载，惯性力只是在很短的时间内产生，即使惯性力可能足够大，而使安全系数在短暂时刻内小于1，边坡也不一定发生滑坡，因此地震作用下边坡稳定性的评价方法有待进一步研究。

1.2.2 地震作用下边坡永久位移的国内外研究现状

边坡的地震稳定性评价判别指标主要有安全系数法和永久位移法。而国内主要以安全系数为主要评价指标，国外例如日本是以安全系数和永久位移为主要评价指标。Newmark[35] 针对土石坝在地震动作用下的稳定性进行研究，认为地震时坝体的稳定与否取决于地震动所引起的坝体的变形，而并非最小安全系数。国内的王笃波等[36] 也指出，在地震过程中，边坡的稳定安全系数最小值出现在某一瞬间，用这个值评价边坡在地震荷载作用下的抗滑稳定性不太合适。分析其原因是地震是一种短时间内的变向荷载，地震引起的惯性力只在很短的时间内产生，即使地震引起的惯性力足够大，只能导致安全系数在很短的时间内小于 1，引起边坡一定的永久位移，但当加速度变小或者反向时，位移的发展又会停止，这样一系列数值大、时间短的惯性力产生的全面影响将是边坡永久位移的出现，如果岩土体的强度没有在地震中显著下降，则当地震停止时，边坡不会有进一步的位移。因此，研究地震作用下边坡的永久位移，明确边坡发生滑坡时的容许变形量，建立边坡的监测体系，当地震发生时进行及时预警，对滑坡灾害的预防具有较为实际的意义。

地震作用下边坡永久位移的计算方法主要有 Newmark 滑块位移法和基于有限元的弹塑性反应分析法。Newmark 滑块位移法是一种简便计算方法，但是对于土质边坡而言，地下水是影响其稳定性的一个主要因素，而 Newmark 滑块位移法没有考虑地震作用和地下水压力耦合的影响。弹塑性反应分析法能较全面地考虑地震作用和地下水压力耦合下边坡的永久位移，但是其建模较为复杂，运算量大，应用于边坡的工程快速评价不现实。如何在短时间内能准确快速地对边坡在地震作用和地下水压力耦合下的变形进行定量的评估，确定简便的永久位移计算方法尤为重要。

国外对地震作用下边坡的永久位移进行了大量的研究，Finn 等[37] 发展了 2D 的非线性非弹性的动力有限元程序，基于非线性非弹性动力有限元计算边坡永久位移。Al-Homoud 等[38] 考虑地震动等级、震源距离、水位变化、内摩擦角、黏聚力和摩擦角等因素对边坡安全系数和地震产生的永久位移进行了分析，得出震源距离和地震等级对边坡的位移和安全系数影响较大。Jibson[39] 指出永久位移法更适于用来进行评估边坡的地震稳定性。Rathje 等[40] 指出永久位移是评估边坡地震稳定性的通用的损伤参数。Chang 等[41] 基于 Newmark 的滑块位移法分别推导出了直线型滑面和螺旋对数型滑面边坡的永久位移计算公式。Ling[42,43] 基于 Newmark 的滑块位移法推导了土筋加固边坡在地震作用下产生的永久变形的计算方法。Ausilio[44,45] 基于 Newmark 的滑块位移法推导了加筋土边坡永久位移的简便计算方法。Jin 等[46] 提出了一种进行边坡永久位移计算的简便方法。

国内学者也提出了将边坡的永久位移作为评价指标，并给出了相应的边坡永久位移简化计算方法。王思敬等[47-49] 首先将有限滑块位移的研究思路引入岩体边坡动力稳定性的分析，并且提出了边坡地震滑动位移微分方程。黄建梁等[50] 基于刚体力学原理推导了同时考虑水平和竖直地震的坡体临界加速度的计算公式。陈玲玲等[51] 建立了评价陡高边坡的稳定性计算公式，给出了可能滑裂面的抗剪强度储备比值，其结果可用于评价其稳定性。罗渝等[52] 推导了滑坡体产生永久位移的临界加速度，并考虑地震输入能量及结构能量耗散之间的平衡关系并建立预测地震作用下滑坡永久位移的计算方法。祁生林等[53] 结合 Newmark 有限滑动位移法，考虑了孔隙水压力变化，提出了一种简便的估算地震动力永久位移的方法。肖世国等[54] 基于极限分析上限定理，推导出与边坡设计安全系数密切相关的坡体地震永久位移的详细计算公式。林宇亮等[55] 研究了地震作用下不同压实度路堤边坡的残余变形特性。董建华等[56] 建立了地震作用下土钉支护边坡永久位移的计算方法。李元雄等[57] 通过有限元法计算了地震作用下边坡的残余变形。徐光兴等[58] 推导了基于能量法的边坡永久位移计算公式。卢坤林等[59] 将 Newmark 有限滑动位移法拓展到三维空间，提出了三维边坡地震作用下永久位移的分析方法。钱海涛等[60] 发现了临界位移值与滑带的几何特征、力学特性和滑体自重相关，与具体的地震波输入等无关，但临界位移作为滑坡稳定性的判据是有条件的。刘忠玉等[61] 考虑地震荷载作用下饱和黄土的孔压增长模式及液化规律，建立了饱和黄土无限边坡的动力稳定性分析模型，研究结果表明，考虑孔压累积时的永久位移计算值要大于常规的 Newmark 法分析的结果。何思明等[62] 分析了高切坡超前支护体系发生永久位移的临界加速度条件和永久位移大小。

综上所述，国内外对边坡永久位移的研究，大多不考虑地下水的影响，且考虑地震作用下动孔隙水压力的影响的情况鲜见报道。而荷载作用下的孔隙水压力的发展变化是影响土体变形及强度变化的重要因素。尤其是地震作用下进一步加强了地下水与边坡土体的相互作用，严重影响边坡的稳定性。考虑地震作用过程中的动孔隙水压力对边坡永久位移的影响需进一步研究。

1.2.3 地下水位变化对土质边坡稳定性的影响的研究现状

地下水位的变化将引起坡内孔隙水压力的变化，使得边坡内的总应力增加，对边坡的稳定性产生影响。研究表明地下水位上升引起孔隙水压力增大，是坡体发生失稳的重要原因[63]，地下水位上升将会降低开挖边坡稳定性[64]，对暂态渗流场和斜坡稳定性有明显影响[65,66]。随着计算技术的快速发展，有限元技术的极限分析方法也得到了发展，Kim[67]、殷建华[68]、王均星[69,70] 等采用极限分析上下限有限元方法对水位变化条件下边坡的稳定性问题进行了分析和探讨。

关于地下水位变化对边坡稳定性的影响研究，国外的 Jia 等[71] 基于粉质砂土边坡的原型试验，研究了地下水位上升和下降对边坡破坏模式的影响规律，得出随着坡外水位的下降，坡内孔隙水压力表现出明显的滞后现象，产生朝向坡外较大的外推力，对边坡稳定性极为不利的结论。近年来，有限元强度折减法在边坡稳定性分析中逐渐被受到重视。Griffiths[72] 和 Lane[73] 基于自己开发的有限元软件，利用强度折减法分析了水位变化对边坡安全系数的影响，得出边坡安全系数随着库水位的增加呈现先减小后增大的趋势。Dawson 等[74] 则利用有限差分法和强度折减法对饱水土质边坡进行了计算。

国内的吉同元等[75] 采用有限元方法、瑞典圆弧法、简化毕肖普法、简布法等多种边坡稳定安全系数分析方法计算了不同地下水位条件下边坡的安全系数，综合分析了地下水位变化对边坡稳定性的影响；朱向东等[76] 综合分析了滑坡与水相互作用机理，通过对滑坡稳定性计算中与地下水有关的各因素敏感性分析，发现地下水位变化导致的孔隙压力比和水力坡度的变化极大地影响了边坡的稳定性；何朋朋等[77] 建立了考虑水压力的剩余推力法边坡稳定性力学分析模型，推导了利用已知两点地下水位求解其任一点地下水位和含水层厚度的求解公式；贾官伟等[78] 等研究了水位骤降导致临水边坡滑坡的原因及失稳模式；邓睿[79] 研究了地下水位变化对铁路路基边坡稳定性的影响，得出路基长期条件下受地下水位上升影响小，短期条件下受影响较明显；陶丽娜等[80] 对库水位升降作用下路基边坡的瞬态渗流场与稳定性进行数值模拟与研究，得出库水位下降时，路基边坡孔隙水压力降低，安全系数迅速降低。有学者利用数值分析方法对降雨引起地下水位变化条件下边坡稳定性进行了分析，随着地下水位的上升，边坡的最大变形位于边坡中上部，且其潜在破坏模式为边坡后缘张拉破坏和中下部剪切破坏的复合破坏模式。马宗源等[81] 分析了滑坡的规模和滑坡前后的地形特征，并开展了考虑中间主应力的影响对不同地下水埋深和渗流时边坡的稳定性进行分析。刘东燕等[82] 分别在初始地下水位、降雨强度以及降雨持时不同的工况条件下分析边坡的稳定性能。张卫民等[83] 通过对各种边坡模型的计算分析表明随着地下水位线的升高，边坡的稳定安全系数线性减小，可能发展为整体滑动破坏。张少琴等[84] 利用有限元计算软件进行分析，研究发现随着库水下降速率的增大，滑坡的稳定系数逐渐减小，且在速率变化的初期阶段，稳定系数出现明显的陡降。梁学战等[85] 进行了水位升降条件下的瞬态渗流场模拟，研究发现坡体位置高程越高，孔隙水压力和基质吸力变化的滞后性越明显。

然而在考虑边坡地下水位的影响时，虽然可以预见当整个边坡处于饱和水位状态是最不利状态，大多数学者也仅对该状态下的边坡进行了深入分析。但实际上地下水位是不断改变的，会随着外界条件的不同而不同，是一个渐变的过程，边坡可能处于饱和-非饱和的状态，因此，研究地下水位变化下边坡的稳定性尤为重要。

1.2.4　地震作用下土质边坡的振动台试验研究现状

模型试验主要有大型振动台试验和离心机试验[86-90]。振动台试验是试验室模拟地震的重要手段，其模型相似比从 20～500[91] 不等。尽管振动台试验存在一些难点，例如，重力失真、尺寸效应等引起的误差不可避免，使得模型的抗震能力比实际经验偏高[92]。但是其变形的破坏机理都是相通的，且由于天然边坡富含地下水，尤其是降雨后地下水位升高，甚至会发生边坡整体饱和的现象，所以研究考虑地下水时边坡的振动台试验更符合实际，且通过室内振动台试验明确地下水对边坡动力响应和破坏模式的影响规律，对边坡的抗震加固具有重要的指导意义。

针对边坡的振动台试验，国外的 Grasso[93] 基于振动台试验研究了加固边坡的地震稳定性和破坏机理。Joseph[94] 通过振动台试验研究了边坡的永久位移。Kokusho[95] 提出了评估边坡破坏的能量法，并采用振动台试验进行了验证。Wartman 等[96] 进行了边坡的振动台试验，研究发现不同的边坡变形破坏的基本模式为深部转动、平动滑动位移。

国内的叶海林等[97] 采用振动台试验分析了模型边坡的动力响应，研究了边坡在地震作用下的破坏特征。黄春霞等[98] 研究了饱和砂土地基液化规律以及振动加密对其抗液化能力的影响。刘婧雯等[99] 基于堆积体边坡的振动台模型试验分析了模型边坡块体抛出现象与裂纹形成角度的关系。李阳等[100] 采用大型振动台动力模型试验研究了边坡的动力响应规律及已知滑动面条件下的边坡失稳滑动机理。何刘等[101] 研究了坡面形态对边坡动力变形破坏影响的模型试验。于玉贞等[102,103]、杨庆华等[104] 基于离心模型试验研究了地震边坡的动力放大效应及破坏趋势。叶海林等[105] 采用大型振动台模型试验研究了边坡的动力破坏特征。赖杰等[106] 基于振动台试验研究了埋入式抗滑桩在地震作用下的边坡破坏机制。徐光兴等[107] 用振动台模型试验分析了地震作用下边坡的动力响应规律以及地震动参数对边坡动力响应的影响。翟阳等[108] 基于振动台试验分析了振动条件下边坡坡度等因素对土坝抗滑稳定性的影响，并给出了边坡坡度与破坏加速度的关系式。任自铭[109]、徐光兴等[110] 设计并完成了 1∶10 比例的土质边坡大型振动台模型试验。试验通过输入不同类型、幅值、频率的地震波和白噪声激励，探讨了地震作用下模型边坡的动力特性与动力响应规律，以及地震动参数对动力特性和动力响应的影响。

综上所述，目前国内外针对砂土液化以及不考虑地下水的边坡振动台试验研究较多，而对地下水对砂土边坡动力响应和破坏的影响分析的振动台试验较为少见，且在考虑地下水时的边坡振动台试验中的地下水的模拟方法也是一个难点。

1.3　边坡的稳定性评价方法

边坡的稳定性评价方法大概分为定性分析和定量分析两大类。除此之外，近年来人们在基础分析方法上，引进新的科学、理论，逐渐发展新的理论体系：比如可靠性分析法、模糊分级评判法、系统工程地质分析法、灰色系统理论分析法等，统称为非确定性分析法。其他分析方法还有地质力学模型、物理模型方法和现场检测方法等。

1.3.1　边坡稳定性的定性分析方法

定性分析方法主要通过对边坡的勘测，对影响边坡稳定性的因素进行分析评价，对已经形成的地质体进行成因和发展过程进行分析，从而给被评价边坡一个稳定性状况和发展趋势的整体定性评价；优点是可以考虑影响边坡稳定的多种因素，快速对边坡的稳定状况及发展趋势做出评价；但缺乏准确的量化标准，过多地依赖于个人经验和工程实践。

常用的定性分析法主要有以下几种。

（1）自然历史分析法

该方法主要根据边坡的地质历史，地层演变及风化程度结合边坡已经发生的破坏和将要发生破坏的迹象，追溯边坡的形成演变全过程；能够结合边坡当地的植被、水文、地质变化对边坡总体的稳定状况和发展趋势做出评价和预测。对已经发生滑坡的边坡，判断是否保持稳定或二次滑坡。自然历史分析法是天然斜坡的主要评价方法。

（2）类比工程法

该方法是对新建边坡和已有边坡进行对照分析，能够兼顾工程级别和工程类别。需要对已有边坡和新建边坡进行广泛的调查分析，全面研究工程地质的相似性和差异性，分析破坏机理、破坏方式的相似性和差异性。类比法具有很好的区域性，对同一区域或同一地段的边坡在稳定性分析时具有很好的参考意义；工程实践中，既可以进行自然边坡间的稳定性比较，也可以进行人工边坡间的比较，还可以进行自然边坡和人工边坡的相互比较，是一种应用最为广泛的边坡稳定性分析方法。

（3）专家系统和边坡稳定性分析数据库

在缺乏个人实践和工程经验的情况下，对已有边坡的工程实例的数据集成化，作为数据库，与新的工程实例进行对照，提供多样的对比信息和工程经验。边坡工程数据库是收集已有自然、人工边坡的地质地貌、发育地点、破坏因素、破坏形式、加固设计以及边坡的坡型、坡高、坡角等元素的计算机软件。再在收集参数的基础上组织建立同型边坡、同类边坡的数据库，通过该软件可以直接通过不同设计阶段的要求和相关的类比依据，比较分析得出相似程度最高的工程实例，更好地指导实践。

专家系统是利用计算机模拟相关科学方法及学科专家的推理计算的软件程序。通过把一位或多位工程专家的工程经验、理论分析、数值分析、物理模拟、现场检测等影响边坡稳定的知识和方法组织结合起来，建立边坡工程数据库，然后利用模拟程序进行推理运算。整个过程模拟专家的思维过程和考虑因素，结合相关学科不同专家的知识进行推理和决策，对边坡的稳定性分析更为专业和全面。利用良好的边坡工程专家系统，运用优秀的思维方式，提高设计决策水平，并大幅度地降低费用、节省时间。

（4）图解法

图解法分为诺模图法和赤平投影图法。图解法开始由定性向定量发展，也是定量计算的基础。

诺模图法是利用诺模图形或关系曲线来表征边坡参数之间的相互关系，并由此求出边坡安全系数；也可由边坡安全系数反算边坡内聚力、内摩擦角、结构面倾角、坡角、坡高等参数。诺模图法是数理分析法的简化，主要应用于土质或者全强风化的弧形破坏面的边坡稳定性分析。

赤平投影图法就是利用赤平极射投影的原理，通过作图直观表现出边坡破坏的边界条件，分析不连续面的组合关系、可能失稳的岩体形态及滑动方向等，进而评价边坡的稳定性，并为力学计算提供信息。常用的赤平投影图法有极射赤平投影图法、Markland J J 投影图法、实体比例投影图法等。该方法主要用于岩质边坡的稳定性分析。

1.3.2 边坡稳定性的定量分析方法

由于影响边坡安全因素的复杂性和土体本身的三相性，边坡的稳定性分析还无法做到完全定量计算的水平，只是一种半定量分析方法。常用边坡的定量计算方法有以下几种。

（1）极限平衡法

极限平衡法是工程实践中应用最早，也最普遍的一种定量分析法。目前已有多种极限平衡法，如 Fellenius 法、Bishop 法、Janbu 法、Morgenstern Prince 法、剩余推力法、Sarma 法、楔体极限平衡法等。除楔体极限平衡法假设滑坡面是平面外，其他方法普遍认为圆弧面为滑坡面，其中 Sarma 法既可用于滑面呈圆弧形的滑体，也可用于滑面呈一般折线的滑体；楔体极限平衡法则主要用于岩质边坡中由不连续面切割的各种形状楔形体的平衡分析。极限平衡法主要还是以表征抗滑力与下滑力的比值为安全系数 K 来表示边坡的安全程度，当 $K=1$ 时土坡处于极限平衡状态，当 $K>1$ 时土坡处于安全稳定状态。人们已经把这些方法程序化，也可利用有限元方法计算滑面上各点的应力，然后利用极限平衡原理计算滑面上的点安全系数及整个滑面的安全系数。极限平衡法对土体力学做了简化，考虑滑坡的主要问题，简洁直观，并有多年的实用经验，合理地选择计算方法可以得到比较满意的结果，是目前最主流的分析方法。

（2）数值分析法

① 有限元法（FEM）　最早在 1967 年，有限元法应用于岩土的稳定性分析中，是当前使用最广泛的一种数值分析方法。有限元可以计算多个二维和三维的弹性、弹塑性、黏弹塑性、黏塑性等问题。优点是部分考虑了边坡岩体的不连续性和非均质，计算岩体的应力、应变大小与分布，避免了极限平衡法中将滑体视为刚体的过度简化，从应力应变分析边坡破坏机理，分析最先、最容易发生屈服破坏的部位。但该方法还不能很好地求解大变形和位移不连续等问题，对无限域、应力集中问题等的求解还不理想。

② 边界元法（BEM）　不同于有限元方法，边界元在 20 世纪 70 年代发展起来时，首先应用于层状岩体的开挖稳定性分析，通过输入少量数据，该法可以只对边界进行离散分析。边界元法在无限域和半无限域的处理结果优于有限元，在不均匀、分线性、分布开挖的分析仍不如有限元法。与有限元分析相同，该法无法处理大变形问题。相较边坡稳定性的分析，边界元更广泛地使用于地下硐室分析。

③ 快速 Largrangian 分析法（FLAC）　人们通过显示有限差分原理提出 FLAC 数值分析法，用以解决岩土大变形问题。该法在更好地考虑大变形特征和岩土不连续情况下的快速求解问题，但与有限元法比较来看计算边界和单元网格的划分随意性过大。

④ 离散元法（DEM）　离散元法是一种动态数据分析法，1971 年由 Cundall P A 提出并应用于岩土体稳定性分析。离散元法以牛顿第二定律为基础，将边坡岩体划分为刚性块体，结合不同本构关系分析受力后的运动变化情况和运动的时间变化，该法可模拟块体间的平动、转动、滑落，因此适合处理层裂、块裂和碎裂岩体结构。

⑤ 块体理论（BT）与不连续变形分析（DDA）　块体理论实际是一种利用拓扑学和群论理论的几何学方法，以赤平投影和解析为计算基础来分析处理岩体的三维不连续问题。在稳定性计算时，通过寻找岩体中实际存在的不连续面倾角及方位

确定移动的块体及其位置。因此多应用在开挖形状和方向的选择，缺点在于没有考虑不连续面的变形、剪切强度、力矩作用且通常假定计算单元无限长，决定了分析结果在一定程度上与实际工程情况不符。块体的划分存在的随意性仍导致该法不能用于大变形的分析。

不连续变性分析是1988年提出的一种数值分析方法，该法模拟不连续离散块体为块体系统，块体通过不连续面连成整体。优点是划分的计算网格与岩体物理网格一致，可以反映岩体连续和不连续的确切位置。该法引入非连续接触和惯性力，通过不连续面间的相互约束建立平衡条件，采用动力学方法来处理动力和静力问题，既可计算静力问题又可计算动力问题。适合于破坏前的小位移和破坏后的如滑动、崩塌等大位移的极限平衡问题的求解。

⑥ 无界元法（IDEM） Betttess P于1977年提出无界元方法用以解决有限元计算边界和边界条件不易确定的缺点，采用一种特殊的形函数和位移插函数以反映无穷远处的边界条件。无界元法已经普遍应用于非线性、不连续和动力问题的求解中。在解决边界确定的缺点后减小了题解规模，提高了精度和效率，在三维问题和动力问题中尤为显著。

（3）非确定性分析方法

① 可靠性分析法　影响岩质边坡的工程因素众多，诸多因素往往具有一定的随机性，理论和实践均证明该点。随机变量通常具有一定的概率分布，20世纪70年代后期，美国亚利桑那大学和加拿大能源与矿业中心把概率统计引用到边坡的稳定性分析中。该法先在工程现场中调查，获得影响边坡稳定性影响因素的样本之后做统计分析，求出各自的特征参数和概率分布，再利用如可靠性指标、统计矩法、随机有限元法等来求解边坡岩体的破坏概率，即为可靠度。在规定的条件下和安全使用期限内，安全系数或安全储备大于或等于某一规定值的概率，即边坡保持稳定的概率定义为可靠度。可靠度相较安全系数在一定程度上更能客观、定量地反映边坡的安全程度。我国《岩土工程勘察规范（2009版）》（GB 50021—2001）中也明确指出，大型边坡除了进行稳定系数计算外，还需要进行边坡可靠度分析，即对影响边坡稳定性的敏感因素进行分析。保证可靠度足够大，也就是破坏概率足够小，就可认定边坡工程是可靠的。该法在岩土工程中对边坡稳定性的评价指明了新的方向。但在实际操作中，计算需要的大量统计资料难以获得，各个影响因素的概率模型和数字特征的合理取值还没有很好地解决，同时概率化的运算使得一般极限平衡法困难和复杂。

② 模糊分级评判法　评价边坡稳定性的因素除了随机不确定性外还有一定的模糊不确定性，需要采用模糊分级评判或者模糊聚类方法来评价。该法的具体做法是找出边坡稳定性影响因素，赋予各异的权值，然后根据大隶属原则判断边坡稳定性。实践证明，多变量、多因素影响下的边坡稳定性需要模糊分级法来评判。这种方法主要应用于大型超大型边坡的整体稳定性评价中。除了可靠性评价和模糊评级法两种非确定分析法外，灰色系统理论法、突变理论方法、神经元方法、分叉与混沌理论、损伤断裂力学理论也在边坡稳定性分析上得到了不同程度的应用。

③ 物理模型法　物理模型法应用广泛，在模拟分析时形象直观。主要包含光弹模型、地质力学模型、离心模型、底摩擦试验。这些试验利用缩尺模型形象地模

拟边坡岩图中应力的大小和分布，对边坡变形破坏机制及发展过程、破坏程度进行模拟分析。离心试验是把成比例的缩尺模型放在不同离心加速度运转机中运转加载试验。测量、监测试件的应力、应变，观察模型的破坏过程和加固效果。拟用离心力模拟重力，保持材料原本的性质使得模型与原应力应变相等、变形相似、完成弹性，弹塑性的模拟。与其他模拟方法比较，物理模型法要求材料具有弹性模量、密度的多样性，同时要求模型材料与原型材料的本构关系相似，对模型尺寸要求较高，测量技术要求严格且花费高。

④ 现场监测分析法　岩石流变力学认为岩体的变形破坏是一个过程。岩质边坡工程由稳定状态向不稳定状态的突变也必然具有某种前兆。捕捉这些前兆信息并对其进行分析和解释，将可更好地认识边坡岩土体变形的发展过程和失稳的征兆及其判据。人们在生产实践的过程中早已认识到这个问题，并对之越来越重视。在发展其他边坡稳定性分析理论与方法的同时，又开展了现场监测技术方法、监测结果分析方法等的研究，力图通过现场监测所获得的信息如位移、位移速度、应力、声发射率、氡气、脉冲频率、地下水等有关特征，来对边坡岩土体稳定性做出评价和预测，为加固处理设计提供服务，同时，又能对加固措施的加固效果进行检验，为施工的安全保护等提供信息。由于现场监测结果直观可靠，因而利用监测结果对边坡过程的稳定性进行分析，已成为目前边坡工程中稳定性评价极其重要的一种方法。

以上简要介绍了目前主要的边坡稳定性分析方法。从中可以看到，各种方法的原理不同，做出的分析结果表示方式不一，各有其优缺点。建立于复杂地质体中的边坡工程，有极其复杂多变的特性，同时又有较强的隐蔽性。因而，在实际工程中，应根据边坡工程的具体特点及使用目的，最好能同时利用多种分析方法进行综合分析验证，力求得出一个更加客观、可靠、合理的评价结果。

1.4　边坡地震稳定性分析方法

对于边坡的地震稳定性分析方面，岩土构筑物抗震设防的核心问题已逐步由强度控制标准逐渐转变为变形控制标准[111]。基于变形的设计方法是目前最重要的抗震设计理论之一。目前各国抗震规范中普遍采用的"小震不坏、中震可修、大震不倒"设防水准，被认为是目前处理地震作用高度不确定性的较为科学合理的对策，能发挥结构的最佳抗震性能，确保结构抗震设计的安全性和经济性。

(1) 拟静力分析法

拟静力分析法是将动力学边值问题简化为静力学问题的近似方法[112,113]，是将地震作用效应采用一个不变的水平加速度和竖向加速度表示。拟静力法是在极限平衡法的基础上进行计算，20世纪50年代后，边坡稳定性评价理论逐步形成了以极限平衡理论居主导，有限元、有限差分等数值方法为辅的定量评价理论体系[114-118]。几种经典的极限平衡法概括如下。

① 整体圆弧滑动法　又称瑞典圆弧法[119,120]，边坡的安全系数计算方法为抗滑力矩与滑动力矩之比，即

$$K = \frac{M_r}{M_s} = \frac{\sum_{i=1}^{n} cl_i}{\sum_{i=1}^{n}(W_i \sin\alpha_i)} \tag{1-1}$$

式中　K——安全系数；

　　　M_r——抗滑力矩；

　　　M_s——滑动力矩；

　　　c——黏聚力；

　　　W_i——条块重量；

　　　l_i——条块沿滑移面的长度；

　　　α_i——条块体倾角。

　② 简单圆弧条分法　又称瑞典条分法，仍假定滑动面为一个圆弧面。其计算方法如下所示。

$$K = \frac{M_r}{M_s} = \frac{\sum_{i=1}^{n}(W_i \cos\alpha_i \tan\phi + cl_i)}{\sum_{i=1}^{n}(W_i \sin\alpha_i)} \tag{1-2}$$

式中　ϕ——内摩擦角。

　③ 简化毕肖普（Bishop）法　简化毕肖普法仍假设滑动面为圆弧，将滑动土体分为若干个条块。其计算方法如下式所示。

$$K = \frac{\sum \frac{1}{m_i}[c_i b_i + W_i \tan\phi_i]}{\sum W_i \sin\alpha_i + \sum Q_i \frac{e_i}{R}} \tag{1-3}$$

$$m_i = \cos\alpha_i + \frac{\tan\phi_i \sin\alpha_i}{K}$$

式中　Q_i——水平地震力；

　　　e_i——Q_i 到圆弧滑动圆心的竖向距离；

　　　K——安全系数；

　　　b_i——条块的宽度；

　　　m_i——分块的质量；

　　　R——圆弧滑动的半径。

　④ 简布（Janbu）法　又称普遍条分法，它的特点是考虑对条块间的正压力和切向力，由于滑动面可以认为是任何滑动面，不必是圆弧，它的安全系数计算方法需要用迭代方法计算。

(2) 滑块分析法

　有限滑动位移的思想是 Newmark 于 1965 年提出的。他指出堤坝稳定与否取决于地震时引起的变形，并非最小安全系数，地震为短暂作用的往返荷载，惯性力只是在很短的时间内产生，即使惯性力可能足够大，而使安全系数在短暂时刻内小于 1[121,122]，引起坝坡产生永久变形，但当加速度减小甚至反向时，位移又停止了。这样一系列数值大、时间短的惯性力的作用会使坝坡产生累积位移。地震运动停止后，如果土的强度没有显著降低，土坡将不会产生进一步的严重位移。

目前边坡抗震设计及稳定的评价指标主要包括：安全系数和永久位移。Newmark（1965）明确指出，应当采用地震累积滑移量进行边坡动力稳定性及抗震性能评价，并将滑坡体看作一个刚塑性滑块，提出了边坡永久位移的滑块法，如下式所示。

$$D = \iint_t [a(t) - a_c] \mathrm{d}t \, \mathrm{d}t \tag{1-4}$$

式中　D——永久位移；

　　$a(t)$——加速度时程；

　　a_c——临界加速度。

（3）数值模拟法

自有限元法用于土坝地震反应分析以来，特别是应用后期，伴随着计算机技术和计算力学的高速发展，有限元法及其他数值模拟法在边坡地震稳定性分析中获得了深入的研究和广泛的应用。目前，对边坡地震稳定性分析常采用的数值方法有有限元法、离散元法和快速拉格朗日元法[123]。

① 有限元法　有限单元法是数值模拟方法在边坡稳定评价中应用得最早的方法[124,125]，也是目前最广泛使用的一种数值方法，可用来求解弹性、弹塑性、黏弹塑性、黏塑性等问题。

② 离散单元法　离散单元法（DEM）是一种适用于模拟离散介质的数值方法[126,127]。自从 Cundall 于 20 世纪 70 年代提出以来，这一方法已在岩土工程和边坡问题中得到应用。离散单元法的一个突出功能是它在反映岩块之间接触面的滑移、分离与倾翻等大位移的同时，又能计算岩块内部的变形与应力分布。

③ 拉格朗日元法　拉格朗日元法源于流体力学。在流体力学中，它采用按时步的动力松弛进行求解，这与离散元法相同，求解时基于显示差分法，不需形成刚度矩阵，不用求解大型方程组。基于拉格朗日元法的计算程序，占用内存少，求解速度快，较有限元法能更好地考虑岩土体的不连续和大变形特性。其缺点是计算边界、单元网格的划分带有很大的随意性。

（4）概率分析法

在边坡地震稳定性分析中存在很多不确定性因素，如输入地震震动的随机性、边坡材料特性的随机性等。只有合理地考虑这些参数的随机性，才能明确地描述抗震设计中的灾害水平，因此发展边坡地震稳定性概率分析方法是十分必要的。目前主要的概率分析法主要包括：可靠性分析法、模糊方法、灰色系统理论和遗传算法等。

① 可靠性分析法　边坡工程可靠性分析[128,129] 是近 20 年发展起来的评价边坡工程状态的新方法，它把边坡岩体性质、荷载、地下水、破坏模式、计算模型等作为不确定量，借鉴结构工程可靠性理论方法，结合边坡工程的具体情况，用可靠指标或破坏概率来评价边坡安全度。

② 模糊方法　模糊理论是应用模糊变换原理和最大隶属度原则，综合考虑被评事物或其属性的相关因素，进而进行等级或级别评价[130]。此法的难点在于相关

因素及各因素的边界值的确定。

③ 灰色系统理论　灰色系统理论认为，在决定事物的诸因素中若既有已知的，又有未知的或不确定的，其所在的系统则称为灰色系统[131]。把系统中的一切信息量（包括随机的）看作灰色量，采用特有的方法建立描述灰色量的数学模型。

④ 遗传算法　遗传算法是一类随机算法[132]，它模仿生物的进化和遗传，从某一初始群体出发，根据达尔文进化论中的"生存竞争"和"优胜劣汰"原则，借助复制、杂交、变异等操作，不断迭代计算，经过若干代的演化后，群体中的最优值逐步逼近最优解，直至最后达到全局最优。

(5) 试验分析法

试验是真实边坡的简化缩影，在满足相似律的条件下，能够较真实直观地反映岩土边坡的薄弱环节及渐进破坏机理和稳定性程度，便于直接判断边坡的地震稳定性。就试验手段和原理不同，可以分为振动台试验和离心机试验两大类。

① 振动台试验　振动台又称振动激励器或振动发生器。它是一种利用电动、电液压、压电或其他原理获得机械振动的装置。其原理是将激励信号输入一个置于磁场中的线圈，来驱动和线圈相连的工作台。电动式振动台主要用于 10Hz 以上的振动测量，最大可激发 200N 的压力。在 20Hz 以下的频率范围，常使用电液压式振动台，这时振动台信号的性质由电伺服系统控制。液压驱动系统可以给出较大的位移和冲击力。振动台可以用于加速度计的校准，也可用于电声器件的振动性能测试。对于不同的测试物和技术指标，应注意选用不同结构和激励范围的振动台。

② 离心机试验　离心机[133]是用于岩土工程物理模拟试验的一种试验设备。通常有鼓式离心机和臂式离心机两大类。前者多用于与海洋软土相关的土力学研究，模型槽可以较长，能够沿圆周布置；后者用于各类岩土物理模拟试验，模型大小取决于模型箱的尺寸限制。

利用土工离心机可以模拟原型土工结构的受力、变形和破坏，验证设计方案，进行材料参数研究、验证数学模型及数值分析计算结果、探索新的岩土工程物理现象。对于多数岩土工程结构，其受力状态和变形特性很大程度上取决于本身所受到的重力，特别是高土石建筑物，重力作用决定了其应力变形特性。土工离心机可以提供一个人造高重力场，在模型土工建筑物中再现原型的性状。

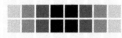

第**2**章

边坡的基本类型及典型破坏特征

边坡形成于不同的地质环境，处于不同的工程部位，并具有不同的形式和特征。根据研究目的和研究对象的不同，边坡分类的方式和方法各不相同。

2.1 边坡的分类

(1) 根据边坡的组成物质、坡内内部结构类型、边坡成因和边坡滑动面深度进行分类

① 根据边坡组成物质分为岩质边坡和土质边坡，其中土质边坡包括堆积土边坡、黄土边坡、黏质土边坡和填土边坡。

② 根据结构类型分为：层状结构边坡（单层结构、多层结构、互层结构、内斜层结构、外斜层结构）、块状结构边坡、碎裂结构边坡和散体结构边坡。岩层走向与边坡走向平行的结构又可分为三大基本类型：顺倾仰倾坡、顺倾俯倾坡、逆倾坡；按结构面的倾角与其内摩擦角之间的相对大小，又将顺倾仰倾坡再分为大角仰倾坡和小角仰倾坡，从坡体结构上对边坡稳定性做出了宏观概括。

③ 按照成因可分为剥蚀边坡（构造型、丘陵型）、侵蚀边坡（岸蚀边坡、沟蚀边坡）、塌滑边坡和人为边坡。

④ 按照滑坡滑动面的分布深度，分为浅层滑坡（<6m）、中层滑坡（6～20m）、厚层滑坡（20～50m）、巨厚层滑坡（>50m）。按滑坡体积的大小分为小型滑坡、中型滑坡、大型滑坡和巨型滑坡。

(2) 按力学和变形机制分类

① 按照力学性质分为：牵引式（后退式）和推移式（前进式）两种基本形式。这种分类形象、简单、实用，在宏观上表现了边坡变形受力及发展方向。

② 按照边坡的变形机制，成都理工学院王兰生、张倬元教授针对层状或含层状岩体组成的边坡变形机制提出了5种基本组合模式：蠕滑-拉裂、滑移-拉裂、弯曲-拉裂、塑流-拉裂和滑移-弯曲。

③ 按照边坡破坏时的运动特征可分为崩塌、倾倒、滑动、侧向扩展、流动和

复合移动。

④ 按照边坡岩土体变形速率可分为：初始蠕滑、等速蠕滑和加速蠕滑。

⑤ 中科院地质研究所孙玉科先生等将边坡变形破坏模式概括为5类：倾倒变形破坏（金川模式）、水平剪切变形模式（葛洲坝模式）、顺层高速滑动（塘岩光模式）、追踪平推滑移（白灰厂模式）和张裂顺层追踪破坏（盐池河模式）。

⑥ 中国地质大学晏同珍教授根据滑坡发生的初始条件、原因根本及滑动方式特征，概括了9种滑动类型：流变倾覆滑坡、应力释放平移滑坡、震动崩落或液化滑坡、潜蚀陷落滑坡、地化悬浮-下陷滑坡、高势能飞越滑坡、孔隙水压浮动滑坡、切蚀-加载滑坡和巨型高速远程滑坡。

边坡的一般分类如表2-1所示。

表 2-1　边坡的一般分类

分类依据	分类名称	分类特征说明
岩性	岩质边坡	由岩石组成的边坡
	土质边坡	由土层组成的边坡
	岩土混合边坡	部分由岩石部分由土层组成的边坡
成因类型	自然边坡	未经人工改造的边坡
	人工边坡	人工开挖或堆积形成的边坡
	工程影响边坡	受工程影响改造的边坡
与工程关系	建筑物地基边坡	作为地基必须满足稳定和有限变形要求的边坡
	建筑物上方边坡	必须满足稳定要求的边坡
	水库或河道边坡	允许有一定限度破坏的边坡
施工影响	施工影响轻微	规范施工或经预处理施工的边坡
	施工影响中等	常规施工造成影响的边坡
	施工影响严重	不良施工使稳定性局部降低的边坡
	破坏性施工影响	野蛮施工使稳定性大幅度降低或失稳的边坡
存在时间	永久边坡	工程寿命期内需保持稳定和或有限变形的边坡
	临时边坡	施工期需保持稳定和有限变形的边坡
稳定状态	稳定边坡	已经或未经处理能保持稳定和有限变形的边坡
	潜在不稳定边坡	有明确不稳定因素存在的但暂时稳定的边坡
	变形边坡	有变形或蠕变迹象的边坡
	不稳定边坡	处于整体滑动状态或时有崩塌的边坡
	失稳后边坡	已经发生过滑动或大位移的边坡
发展阶段	初始稳定边坡	边坡形成后处于稳定状态的边坡
	初始变形边坡	初次进入变形状态或渐进破坏的边坡
	二次变形边坡	失稳后再次或多次进入变形状态的边坡
边坡坡度	缓坡	边坡坡度≤10°
	斜坡	10°<边坡坡度≤30°
	陡坡	30°<边坡坡度≤45°
	峻坡	45°<边坡坡度≤60°
	悬崖	60°<边坡坡度≤90°
	倒坡	边坡坡度>90°
边坡高度	特高边坡	坡高>200m
	超高边坡	70m<坡高≤200m
	高边坡	30m<坡高≤70m
	中边坡	10m<坡高≤30m
	低边坡	坡高≤10m

关于对高陡边坡的定义，《水利水电工程边坡设计规范》（SL 386—2007）和《水电水利工程边坡工程地质勘察技术规程》（DL/T 5337—2006）中规定：坡高在30~100m、坡度30°~45°为高陡边坡；《公路路基设计规范》（JTG D 30—2015）中规定：土质路堑边坡坡高大于20m，岩质或土石混合路边坡坡高大于30m为高边坡，路堤边坡坡高大于20m为高边坡，坡度超过1:2.5的都为斜坡路堤；《建筑边坡工程技术规范》（GB 50330—2013）规定：关于边坡工程安全等级中规定15m以上边坡的危害性明显增加，所以建筑边坡工程中一般将坡高大于15m的边坡作为高边坡，安全等级也相应提高。《岩土工程手册》中将坡度在30°~60°，岩质边坡坡高在15~30m，土质边坡坡高在10~15m之间定义为高陡边坡。中铁西北科学研究院规定岩质边坡高于30m，土质边坡高于20m即为高边坡。

2.2 影响边坡破坏的因素

边坡失稳往往是在外界不利因素影响下触发和加剧的。边坡变形破坏从边坡成型到使用，受到自然因素和工程实践活动等多种因素影响，其形态和结构不断地产生变化，应力状态也随之发生改变。边坡内部某一部分因抗滑力矩小于下滑动力矩，产生微小的滑动。随着变形的逐渐发展，坡面将出现拉应力带，坡脚逐渐形成明显的应力集中带，并发展至破坏。

影响边坡变形破坏的主要因素如下。

① 岩性　这是决定岩体边坡稳定性的物质基础。一般来说，构成边坡的岩体越坚硬，又不存在产生块体滑移的几何边界条件时，边坡不易破坏，反之则容易破坏而稳定性差。

② 岩体结构　岩体结构及结构面的发育特征是岩体边坡破坏的控制因素。首先，岩体结构控制边坡的破坏形式及其稳定程度，如坚硬块状岩体，不仅稳定性好，而且其破坏形式往往是沿某些特定的结构面产生的块体滑移，又如散体状结构岩体（如剧风化和强烈破碎岩体）往往产生圆弧形破坏，且其边坡稳定性往往较差等。其次，结构面的发育程度及其组合关系往往是边坡块体滑移破坏的几何边界条件，如前述的平面滑动及楔形体滑动都是被结构面切割的岩块沿某个或某几个结构面产生滑动的形式。

③ 水的作用　水的渗入使岩土的质量增大，进而使滑动面的滑动力增大；其次，在水的作用下岩土被软化而抗剪强度降低；另外，地下水的渗流对岩体产生动水压力和静水压力，这些都对岩体边坡的稳定性产生不利影响。

④ 风化作用　风化作用使岩体内裂隙增多、扩大，透水性增强，抗剪强度降低。

⑤ 地形地貌　边坡的坡形、坡高及坡度直接影响边坡内的应力分布特征，进而影响边坡的变形破坏形式及边坡的稳定性。

⑥ 地震　因地震波的传播而产生的地震惯性力直接作用于边坡岩体，加速边坡破坏。

⑦ 天然应力　边坡岩体中的天然应力特别是水平天然应力的大小，直接影响

边坡拉应力及剪应力的分布范围与大小。在水平天然应力大的地区开挖边坡时，由于拉应力及剪应力的作用，常直接引起边坡变形破坏。

⑧ 人为因素　边坡的不合理设计、爆破、开挖或加载，大量生产生活用水的渗入等都能造成边坡变形破坏，甚至整体失稳。

边坡在复杂的地质力作用下形成，又在各种影响因素的作用下变化发展，因此，所有边坡都将处在不同方式、不同规模、不同程度的变形过程中。由于变形的不断发展可促使边坡破坏，而风化作用可使边坡表层剥落，卸荷作用可使坡体张裂，暴雨可使边坡表面岩屑碎块流动。边坡的变形和破坏是边坡形成发展的必然现象。

边坡的变形是以边坡岩体中出现贯通性破裂面为特点，而边坡的破坏除已有贯通性破裂面外，滑坡体还以一定的速度产生位移，二者相互联系，相互促进：变形可促使边坡破坏的加剧，而破坏是边坡变形不断发展的必然结果。

边坡的失稳一般是指边坡在一定范围内整体沿某一滑动面向下或向外移动而丧失其稳定性。边坡的稳定，主要由岩土体的抗滑能力来保持。当岩土体下滑力超过抗滑力，边坡就会失去稳定而发生滑动。

2.3　边坡破坏的基本类型及特征

2.3.1　边坡破坏的基本类型

边坡破坏的基本类型主要分为：崩塌、倾倒和滑坡。其中滑坡又可分为：平面滑动、楔形滑动、圆弧形滑动，如表 2-2 所示。

表 2-2　岩体边坡破坏类型

类型	亚类		主　要　特　征
滑坡	平面滑动	单平面滑动	一个滑动面，常见于倾斜层状岩体边坡中
			滑动面倾向与边坡面基本一致，并存在走向与边坡垂直或近垂直的切割面，滑动面的倾角小于边坡角且大于其摩擦角　一个滑动面和一个近铅直的张裂缝，常见于倾斜层状岩体边坡中
		同向双平面滑动	两个倾向相同的滑动面，下面一个为主滑动面
		多平面滑动	三个或三个以上滑动面，常可分为两组，其中一组为主滑动面
	楔形滑动		两个倾向相反的滑动面，其交线倾向与坡向相同，倾角小于坡角且大于滑动面的摩擦角，常见于坚硬块状岩体边坡中
	圆弧形滑动		滑动面近似圆弧形，常见于强烈破碎、剧风化岩体或软弱岩体边坡中
倾倒			岩体被结构面切割成一系列倾向与坡向相反的陡立柱状或板状体。当为软岩时，岩柱向坡面产生弯曲；为硬岩时，岩柱被横向结构面切割成岩块，并向坡面翻倒
崩塌			崩塌可能是小规模块石的坠落，也可能是大规模的山（岩）崩塌。这种现象是由于边坡岩体在重力和附加外力的作用下，岩体所受应力（压力）超过其抗拉（抗剪）强度所造成的

(1) 崩塌

崩塌系指边坡上部的岩块在重力作用下，突然以高速脱离母岩而翻滚坠落的急剧变形破坏的现象。这种破坏是边坡表层岩体丧失稳定性的结果，其特点是：在变形破坏过程中，岩体并不是沿某一固定面的滑动，而是以自由坠落为其主要运动形式。经自由坠落脱离母块的碎块迅速下落堆积于坡脚，或岩块在边坡表面上滚动并相互碰撞破碎后堆积于坡脚，形成具有一定自然休止角的岩堆。

崩塌以拉断破坏为主，特别是强烈震动或暴雨，往往是诱发崩塌的主要原因。在黄土岸坡地段，坡脚的侵蚀也可引起岸坡的崩塌。

（2）倾倒

这种破坏形式是因为在边坡内部存在某一倾角很陡的结构面，将边坡岩体切割成许多相互平行的块体，而临近坡面的陡立块体缓慢地向坡外弯曲倒塌，边坡的这种破坏形式称为倾倒。倾倒的特点往往是岩块一般不发生水平或垂直位移，而是以某一点或块体的某一棱线为转动轴心，绕其外侧临空面转动。因此，倾倒是以角变位为其主要变形破坏的形式。在一定条件下，倾倒也可能和滑动同时出现。产生倾倒的原因，就岩块本身而论，如果不考虑外力的作用，发生倾倒现象是由于产生倾倒力矩造成的，而倾倒力矩的大小，除与岩块的质量、形状有关外，还与岩体所处底面的倾角有关。对于单一岩块，其重力必须落在该岩块所处的底面之外，才有可能产生倾倒。

（3）滑坡

边坡岩（土）体在重力作用下，沿一定的软弱面或软弱带整体下滑的现象称为滑坡。滑坡是山区主要地质灾害，大规模的滑坡可摧毁公路、堵塞河道、破坏厂矿、淹没村庄，对山区建设和交通危害极大。

边坡发生滑动时，一般情况下，在滑坡前滑体的后缘会出现张裂隙，而后缓慢移动。滑动初期速度慢，持续时间长，到后期迅速滑落。它是边坡变形破坏形式较为常见的一种，是边坡破坏的主要形式。其中滑动规模可以是一个岩块沿某一平面或曲面整体向下滑落，也可是上百万甚至上千万方的土体滑动。其危害程度视滑坡规模的大小而有所不同。

当边坡岩体发生滑动破坏时，由于受各种因素和条件的影响，其滑动的速度是各不相同的。有的滑动破坏是瞬间发生的；而有的滑动破坏是缓慢的，在一段时间内完成整个破坏过程。分析边坡岩体破坏时的滑动速度大小，对预防滑坡事故是非常重要的。

按照边坡岩体的滑动速度，边坡岩土体的滑动破坏可分为四种类型：场动滑动，边坡岩体平均滑动速度小于 10^{-5} m/s；慢速滑动，滑动速度在 $10^{-5}\sim10^{-2}$ m/s；快速滑动，滑动速度在 $0.01\sim1.0$ m/s；高速滑动，滑动速度大于 1.0 m/s。

按照边坡岩体破坏的规模，滑动破坏可划分为以下四种类型。

① 小型滑落　一般指发生在单台阶局部边坡上小块岩体沿一个或多个节理面产生局部的滑落，其滑落的垂直距离往往小于台阶的高度。

② 中型滑落　是指一个和多个台阶边坡岩体沿结构弱面产生的一定规模的整体滑落，破坏类型多为楔体破坏，破坏的范围限于局部边坡。岩体滑动的体积一般在 1 万～10 万立方米（1 万～10 万方）。

③ 大型滑落　是指多台阶边坡岩体沿结构面产生的大规模整体滑落。岩体的破坏类型多为平面破坏和圆弧形破坏。其滑动体积一般在 10 万～100 万立方米（10 万～100 万方）。

④ 巨型滑落　是指边坡岩体产生大规模破坏，其滑动的范围、体积都很大。

一般都在 100 万立方米（100 万方）以上。

2.3.2 边坡破坏的特征

影响边坡破坏方式的主要因素如下。

(1) 地形地貌

① 山坡或河谷谷坡上的圈椅地貌是比较容易发生滑坡的地方。圈椅地貌中的缓坡多由堆积物组成，也是地表水汇集之处。

② 在较陡的大段河谷谷坡中间，夹一段台地状的滑坡地。有时滑面被冲割成鸡爪形山梁，这种缓坡或山梁往往易发生滑坡。

③ 坡体上杂乱无规则，还有积水洼地、地面裂隙、房屋倾斜、房墙开裂等现象，可能是发生滑坡的地方。

④ 沿河圆顺的凹岸突然有一小部分向河床凸出侵占河床，凸出段有残留的大弧石，这可能是由古滑坡舌部的残留物形成。

⑤ 双沟同源地形，如谷沟不深，沟间距离数十米至数百米，沟源相连呈钳形，沟间山谷多呈上、下陡而中间缓的鼻形斜坡地形，也容易发生滑坡。这种地形往往是由于山坡曾发生过移动，水流沿周围侵蚀发育的结果，是古滑坡错落残留的痕迹。

(2) 岩、土结构

① 页岩、泥岩、泥灰岩、千枚岩、滑石片岩、云母片岩以及其他容易风化遇水软化的岩石及黏性土、黄土及各种成因的堆积层，都比较容易发生滑坡。

② 断层面、节理面、褶曲面两翼的倾斜面、不整合面以及倾角较陡，倾向山外，走向与路线交角小于 45°的基岩层面，都容易构成滑坡的滑动面。

③ 对发生过滑坡的山坡，岩、土常有扰动、松脱现象，基岩层位、产状特征与外围不连续。

④ 滑坡的后缘断壁上有顺坡擦痕，前缘土体被挤出，滑坡两侧以沟谷或裂面为界，滑床常具有塑性变形带，其内多由黏性物质或黏粒夹磨光角砾组成。

(3) 水的作用

① 地表水不易排出，甚至形成积水。

② 斜坡含水层的原有状况被破坏，滑体成为复杂的含水体。

③ 在缓坡后缘、前缘、坡脚或坡面等地形变化处有泉水及湿地分布。

④ 河水淘蚀，冲刷坡脚。

⑤ 灌溉水或其他水渗漏都会促成滑坡发生。

(4) 结构特征

滑坡的结构特征指剖面上滑体、滑面、滑带及滑床的特征，以滑坡的主轴断面为代表。滑床岩土主要是风化轻微、强度较高、相对隔水的地层，情况较简单，此处重点讨论滑带和滑面的特征，以滑坡的主轴断面为代表。

滑带土的一般特征如下。

① 土体结构被破坏，褶皱严重，多数颜色混杂。

② 一般黏粒含量较高，呈泥状或糜棱状，亲水性强，隔水，含水量高，呈可塑状或软塑状，强度低。

③ 已滑动过的滑坡滑动面上有光滑镜面和滑动擦痕。

（5）受力特征

滑坡的失稳滑动，从某种意义上说是作用于滑坡这一系统的下滑力（滑动力）超过滑床的抗滑力（阻滑力）的结果。下滑力主要来自滑坡体重力沿滑动面的下滑分力，它和滑坡体物质的密度和滑体厚度及滑面倾角有关。此外，还有静水压力、动水压力和地震力等附加力。抗滑力主要为滑动面（带）土的黏结力和摩擦力，此外，还有滑体两侧不动体的阻滑力等。

滑坡是指在山坡岩体或土体顺斜坡向下滑动的现象。一般由降雨、河流冲刷、地震、融雪等自然因素引起。崩塌是指陡倾斜坡上的岩土体在重力作用下突然脱离母体崩落、滚动、堆积在坡脚（或沟谷）的地质现象。根据运动形式，崩塌包括倾倒、坠落、垮塌等类型。泥石流是山区特有的一种自然现象。它是由于降水而形成的一种带大量泥沙、石块等固体物质条件的特殊洪流。

崩塌可转化为滑坡：一个地方长期不断地发生崩塌，其积累的大量崩塌堆积体在一定条件下可生成滑坡；有时崩塌在运动过程中直接转化为滑坡运动，且这种转化是比较常见的。有时岩土体的重力运动形式介于崩塌式运动和滑坡式运动之间，以致人们无法区别此运动是崩塌还是滑坡。

滑坡可以发生在土质边坡中，也可以发生在岩质边坡中。发生在土质边坡中的形态比较单一，基本上是以剪切破坏为主，滑裂面为圆弧形或者圆弧与夹泥层组合型。岩质边坡因为受到岩体结构和地应力的影响，呈现出崩塌、滑动、倾倒等多种破坏类型。

诱发滑坡、崩塌的主要原因如下。

① 降雨　大雨、暴雨和长时间的连续降雨、融雪，使地表水渗入坡体，软化岩、土及其中软弱面，易诱发滑坡、崩塌。

② 地震　引起坡体晃动，破坏坡体平衡，易诱发滑坡、崩塌。

③ 地表水的冲刷、浸泡：河流等地表水体不断地冲刷坡脚或浸泡坡脚、削弱坡体支撑或软化岩、土，降低坡体强度，也可能诱发滑坡、崩塌。

④ 不合理的人类活动　如开挖坡脚、地下采空、水库蓄水、泄水等改变坡体原始平衡状态的人类活动，都可能诱发滑坡、崩塌。常见的可能诱发滑坡、崩塌的人类活动有采掘矿产资源、道路工程开挖边坡、水库蓄水与渠道渗漏、堆（弃）渣填土、强烈的机械震动等。

引发滑坡灾害的因素多种多样，其中地震和降雨是引发滑坡的主要因素。崩塌、滑坡防治的基本方法主要是各种加固工程，如支挡、锚固、减载、固化等，并附以各种排水（地表排水、地下排水）工程，其简易防治方法是用黏土填充滑坡体上的裂缝或修地表排水渠。

2.4　滑坡、崩塌的防治

（1）滑坡、崩塌发生的前兆

① 滑坡体出现横向及纵向放射性裂缝，前缘土体出现隆起现象。

② 在滑坡前缘坡脚处，有堵塞多年的泉水复活现象，或者出现泉水（井水）突然干涸、水位突变等异常现象。

③ 滑体后缘裂缝急剧加长加宽，新裂缝不断产生，滑体后部快速下座，四周岩土体出现松弛现象。

④ 崩塌的前缘掉块、坠落，小崩塌不断发生。

⑤ 崩塌的脚部有凹腔或出现新的破裂形迹，不时听闻岩石的破裂、摩擦、错碎声。

⑥ 出现热、氡气、地下水质、水量等异常现象和嗅到异常气味。

⑦ 动物惊恐异常，如猪、狗、羊惊恐不安，不入睡，老鼠乱窜。

（2）滑坡、崩塌出现险（灾）情采取的措施

① 立即发出制订报警信号，险区人民群众马上撤离，并相互转告。

② 按照《地质灾害隐患（危险点）防灾预案》明确的撤离方向和路线进行撤离和转移（必须首先人员撤离，确保安全的前提下，再是财产转移）至避灾场所，并妥善安置好衣、食、住、行。

③ 圈定地质灾害险区范围，封闭路经险区的路口，设置警示标志，并派人员监测观察和分析地灾发展趋势。

④ 组织力量积极开展抢险救灾，对受伤人员立即送往医院治疗。

⑤ 准确查清受灾户，影响户户数、人数等基本情况。

⑥ 派人（专家）到地质灾害现场进行调查，分析、确认是否会继续发展。稳定后，解除警报。

（3）农房建设可能诱发灾害的注意事项

① 农房选址，讲求地质环境安全的原则。一般说来，农房建设选址应当考虑在地质落差不大，地形平缓舒展，浮土覆盖较薄，地层构造稳定的地段，陡崖、陡坎上、下不宜选址，湖、库、塘等水体前缘不宜选址，古崩塌、古滑坡形成的松散堆积物上不宜选址，已知地质灾害危险区后缘不宜选址，已知地质灾害危险区内不能选址，不稳定斜坡上不能选址。

② 基础工程，讲求的是坚实的原则。在平整屋基时应当剥去表层浮土，并深入基岩 30cm 左右砌筑基础。泥土较厚的地方可以开挖深入基岩，必要时应当进行桩基础施工。基础工程应使用砂岩块石浆砌，必要时应进行砖混或钢混施工。

③ 附属工程，讲求实用的原则。支挡工程（堡坎），包括后缘的阴沟堡坎和前缘的院坝堡坎，凡在有坡度的地方修建房屋，切坡超过 2m 高的都应砌筑支挡工程（堡坎），其厚度根据具体情况而定，确保其承受被支挡体的侧向应力。支挡工程以块石浆砌为主，应预留足够的排水孔和一定的倾角。排水工程（开沟），包括阳沟和阴沟的深度和宽度视其集水面积而定，以保证能够及时排除积水为宜，需有一定的坡度，并进行硬化。

（4）滑坡、崩塌防治措施

滑坡的发生常和水的作用有密切的关系，水的作用往往是引起滑坡的主要因素，因此，消除和减轻水对边坡的危害尤其重要，其目的是降低孔隙水压力和动水压力，防止岩土体的软化及溶蚀分解，消除或减小水的冲刷和浪击作用。具体做法有：防止外围地表水进入滑坡区，可在滑坡边界修截水沟；在滑坡区内，可在坡面修筑排水沟。在覆盖层上可用浆砌片石或人造植被铺盖，防止地表水下渗。对于岩质边坡还可采用喷混凝土护面或挂钢筋网喷混凝土的方法。排除地下水的措施很多，应根据边坡的地质结构特征和水文地质条件加以选择。常用的方法有：水平钻孔疏干、垂直孔排水、竖井抽水、隧洞疏干、支撑盲沟。

通过一定的工程技术措施，改善边坡岩土体的力学强度，可提高其抗滑力，减小滑动力。常用的措施有如下。

① 削坡减载：用降低坡高或放缓坡角的方法来改善边坡的稳定性。削坡设计应尽量削减不稳定岩土体的高度，而阻滑部分岩土体不应削减。此法并不总是最经济、最有效的措施，要在施工前做经济技术比较。

② 边坡人工加固，常用的方法如下。

第一，修筑挡土墙、护墙等支挡不稳定岩体。

第二，用钢筋混凝土抗滑桩或钢筋桩作为阻滑支撑工程。

第三，采用预应力锚杆或锚索，适用于加固有裂隙或软弱结构面的岩质边坡。

第四，以固结灌浆或电化学加固法加强边坡岩体或土体的强度。

第五，采用SNS边坡柔性防护技术等。

③ 设置截水、排水沟、盲沟，防止地表水、地下水流入坍、滑体。

a. 在坍、滑体上方，按其汇水面积及降雨情况，结合地形，设置一道或几道截水沟，使地表水全部汇入截水沟，引至路基边沟或涵洞排出。截水沟断面一般可取深 0.4~0.6m，沟底宽 0.5m 左右，边坡坡度一般为 1∶1~1∶1.5。

b. 在坍、滑体范围内，根据水量大小开挖树枝状排水沟。其主沟与滑动方向一致，以免滑坡体滑动时水沟破裂，水量集中下渗。水沟跨过裂缝，可用搭叠形渡槽引过。

c. 坍、滑体内地下水丰富且层次较多时，可设支撑盲沟，用于排水和支撑。当坍、滑体上方有地下水时，在垂直于地下水流的方向设截水盲沟，将地下水引向两侧排出。盲沟宽度一般为 1m 左右，深度视地下水或滑动面埋深而定，须设置于地下水层之中，其基底必须置于滑动面之下的稳定土层上。盲沟内填充碎石或卵石，周围用细砂或草皮作反滤层，以防盲沟淤塞。

④ 设置构造物，维持土体平衡。

a. 若滑坡体下有坚实基底，且滑坡体推力不大，可设置抗滑挡土墙，挡土墙尺寸应经过计算确定。

b. 若滑坡体底部有未扰动层，可打桩阻止坍体滑动。一般在坍体滑坡的斜面上，用木桩或混凝土桩穿过坍滑体，打入未扰动下层，桩的间距及打入深度应经过计算确定。

⑤ 稳定边坡。

a. 土质边坡可植草皮，风化石质或泥质页岩坡面可植树种草，利用植物根系固定表土，并减少地表水下渗。

b. 岩石风化碎落坡面区，可用表面喷浆、三合土抹面或黄泥拌稻草抹面；土质坡面可采取铺砌块石护坡。

c. 根据边坡地形特点和地质条件，采用刷方减缓坡度或在滑坡体上部挖去一部分土体，减轻滑坡体重力，以减少下滑力，增强滑坡体的稳定性。刷方或上部减重的数量按平衡条件验算确定。

边坡的破坏类型、特点、易发地形、影响因素、实例和防护措施见表 2-3。

表 2-3 边坡的破坏类型、特点、易发地形、影响因素、实例和防护措施

边坡破坏类型	特点	图例	易发地形	影响因素	实例	防护措施
圆弧形破坏	圆弧形滑动是指滑坡的滑面是弯曲的（勺形），滑体沿着一个固定的轴面和滑面向下滑动的现象。这种滑坡是在特定的情况下沿破裂面发生的，滑体内部基本上没有变形		圆弧形滑动经常发生在均质的岩土体中，圆弧形滑动也是填土边坡中最常见的一种滑动，对道路、铁路国家的经济命脉以及建筑物的威胁很大	长时间的强降雨，快速的融雪，地下水水位的上升，地震	 2001年，加拿大哥伦比亚Beatton河流域的平面形滑动	锚索、抗滑桩
倾倒破坏	多发生在层状结构边坡中，岩层成一组平行的结构面，其倾角与边坡相反且倾角较陡		就世界范围内而言，倾倒破坏在柱状节理管理的火山地形以及河流和河道两岸的陡峭山坡中普遍存在	重力、冻融作用、振动、削坡、风化、边坡开挖、流水的侵蚀	 加拿大哥伦比亚圣约翰堡岩体滑坡	锚杆、机械加固、防渗、排水
顺层岩滑动破坏	顺层岩石滑坡是最常见的，最典型的层状滑坡，它的形成与岩性和坡体结构关系密切，尤其是软弱结构岩在层状结构岩体中		顺层岩滑坡的同界严格受控于这些结构面或在这些结构面基础上形成的中小型断层，呈现出比较规则的折线状	岩体中存在多层软弱夹层、地震、降雨、振动	 焦柳铁路典型顺层边坡加固	锚杆、抗滑桩、机械加固防渗
崩塌	崩塌是土或岩石或者岩平乎没有剪切位移的面沿着发生的下落、坠落、跳跃或滚动运动。崩塌是突然发生的		崩落主要发生在世界各地的陡崖或者垂直斜坡地带以及沿海地区、河流和溪涧两岸的岩壁。崩塌的规模相差很大，从几立方米到数千立方米不等	侵蚀、风化作用（如融冻循环作用）、人类工程活动、开挖、地震或其他激烈的振动等	 2005年，美国科罗拉多州多州大峡谷岩崩落，造成交通中断	爆破的方法清除危坡体、锚杆或其他类型的锚壁来稳固崩壁

边坡破坏类型	特点	图例	易发地形	影响因素	实例	防护措施
扩离	扩离运动是指黏性土体或岩体,发生在破碎或沉陷入下伏的软弱层中发生的扩张和扩展。下伏软弱物质的液化或蠕流动以及挤出可能导致自展伸展运动。滑动类型可包括块状扩离、液化向扩离和侧向扩离	硬黏土 软黏土与砂质含水层 基岩	滑坡的影响面积地区小,有一些裂缝,随后可能迅速蔓延,影响到几百米宽的地区	地震导致软弱层液化,人为或自然对不稳定斜坡加载,降水、融雪导致地下水位的饱和变化导致地基土材料的塑性变形和不稳定	1989年,发生在美国加利福尼亚州地震导致的公路边坡向扩离滑坡	避免在地震频发区或松软土体容易液化的地区建造建筑物,或者降低地下水位
流动(碎屑流)	流动是一种在空间上连续的运动方式。其剪切运动过程中不断发生变化,并且面不会长久保持不变;碎屑流流是一种由松散的土和岩石以及有机物和水的混合物沿着坡体向下滑动的一种运动形式		碎屑流和其他类型的滑坡相同处是都发生在饱和的淤泥和沙子所占的比例较大的陡坡处	强降雨的增加导致地表上流量的增加导致降低了土和岩石的强度而导致灾害的发生	1999年,数天的降雨引发的土、岩石、水和树木的流动造成美国委内瑞拉北海岸城市严重的灾难	在碎屑流发区建立预警系统,通过监测确定碎屑流发生的预警阈值
火山泥流	主要是因为泥石流的发源区在火山附近且泥石流的物源来自火山爆发的堆积物		几乎在所有的火山地区都有发生	火山口的潮泊、火山蒸汽或火山上的冰雪融水;火山爆发导致地周围的冰雪消融,液化陡坡火山碎屑流沿陡坡高速下滑	1982年美国圣海伦火山泥流	建立预警系统和良好的疏散措施
泥流	泥流一般发生在比较平缓或者中等坡度的斜坡上,通常在细粒土、黏土,泥沙以及强风化的岩石中发生。泥流是一种内部流动变形的塑料或黏性流动。流动的运动速度可以由很缓慢(蠕滑)到中高速和较快高速(灾难性高速)		泥流主要发生在细粒土和强风化的基岩中,湿陷性土地区经常发生这种类型的泥流	土壤受长期或高强度的降雨或融雪的影响强度降低、地下水位的变化,流水对坡脚的侵蚀、坡顶的过度加载,地震以及人类工程活动引起的震动等	1993年,加拿大大渥太华感敏性黏土附近发生流	对排水设施进行合理改进改善流治理泥流的一个很有用的措施

第 **3** 章

■■■■■■■

基于 Newmark 位移法的边坡地震稳定性评价

3.1　概述

近年来，地震频繁发生，其导致的道路边坡的破坏失稳现象越来越多[134]，对于降低地震时道路边坡的破坏程度，进行地震发生时边坡的地震稳定性评估，明确边坡稳定性的定量评价方法具有重要意义。目前《铁路工程抗震设计规范（2009版）》（GB 50111—2006）规定，我国道路边坡的地震稳定性评价方法采用基于圆弧滑动法的拟静力法进行稳定性验算。而对于边坡稳定性的定量评价方法并没有做出规定。随着我国高速铁路的迅速发展，尤其是地震作用下路堤边坡的变形是一个重要的控制指标，变形量过大将会导致列车无法运行，甚至产生倾覆，从而带来巨大的生命财产损失。目前，边坡的地震稳定性评价指标主要包括安全系数和永久位移，近年来，汶川地震、定西地震、庐山地震引发了大量的道路边坡的破坏，地震发生后边坡的永久位移大小及破坏程度的判定以及是否需要采取相应的加固措施等需要进一步的研究。岩土构筑物抗震设防的核心问题已逐步由强度控制标准逐渐转变为变形控制标准，基于变形的设计方法是目前重要的抗震设计理论之一。

地震作用下边坡永久位移的计算方法主要有 Newmark 滑块位移法和基于有限元的弹塑性反应分析法。Newmark 滑块位移法是一种简便计算方法。对于土质边坡，地下水是对其稳定性影响的一个主要因素，地下水的存在甚至将导致边坡破坏模式的改变，而以往的研究中基于 Newmark 滑块位移法计算的边坡永久位移并没有考虑动孔隙水压力的影响。而基于有限元的弹塑性反应分析法能较全面地考虑地震和地下水作用时边坡的永久位移，但是其建模较为复杂，运算工程量大，应用于边坡的工程实际不现实。为了在短时间内准确快速地对边坡在地震作用下的稳定性进行定量的评估，确定简便的计算方法显得尤为重要。

此外，基于性能的抗震设计还处于初级研究阶段，为了实现多级抗震进而使得岩土体结构在整个生命周期内费用达到最小，还有很多工作要做，例如目标性能水平的合理划分与确定、不确定因素的合理考虑，更加细致的非线性分析，自身抗震性能的确定，合理的设计方法等一系列问题。因此，本章基于转动平衡理论推导了边坡在地震作用下的永久位移计算方法，并将地震作用下动孔隙水压力计算式代入永久位移计算式中，建立了考虑地震作用下考虑动孔隙水压力影响的边坡永久位移简便计算方法，为基于性能的边坡抗震设计思想提供了理论基础。

3.2 国内外边坡地震稳定性评价方法对比分析

对世界地震多发国家或地区（中国、日本、欧洲和美国加利福尼亚州）的边坡规范进行对比，可以明确国内外不同规范中边坡地震稳定性评价方法的差异性。国内外主要的边坡规范对边坡稳定性评价方法的对比如表 3-1 所示。

表 3-1　国内外边坡稳定性评价方法的对比

国家	规范名称	评价方法	评价指标
中国	《建筑边坡工程技术规范》(GB 50330—2013)	拟静力法	安全系数
	《水利水电工程边坡设计规范》(SL 386—2007)	拟静力法	安全系数
	《公路路基设计规范》(JTG D 30—2015)	拟静力法	安全系数
	《铁路工程抗震设计规范(2009 年版)》(GB 50111—2006)	拟静力法	安全系数
	《铁路路基设计规范》(TB 10001—2016)	拟静力法	安全系数
	《高速铁路设计规范》(TB 10621—2014)	拟静力法	安全系数
日本	《铁道构造物等设计标准·同解说》	拟静力法和 Newmark 滑块位移法	安全系数 永久位移
欧洲	Eurocode 7: Geotechnical Design	拟静力法	安全系数
美国加利福尼亚州	California Geological Survey's Guidelines(2008)	拟静力法	安全系数

通过对比国内外不同国家或地区的边坡规范（表 3-1）可知，国内外大多数国家基于拟静力法进行边坡的地震稳定性分析，并通过安全系数评价指标进行边坡的稳定性评估，而日本采用拟静力法和 Newmark 滑块位移法对边坡进行地震稳定性评价，并采用安全系数和永久位移双重指标进行稳定性评估，其更符合实际。

边坡稳定性评价结果的正确与否直接关系到边坡工程的安全性，能否准确评价其稳定性直接关系到建设的资金投入和人民的生命财产安全。因此，合理的地震稳定性评价方法和准确的稳定性评价指标对于保障边坡的稳定性具有重要作用，并对于确保地震作用下铁路工程的安全服役具有重要的意义。

日本《鐵道搆造物等設計標準·同解説》[135] 中规定铁路边坡应按照两水准抗震设计。第一水准：常遇地震作用下采用瑞典圆弧法进行边坡安全系数的验算，保证边坡满足稳定性要求。第二水准：对罕遇地震作用下边坡的变形性能进行分析，采用正确的计算手法确定边坡的永久变形大小，并采取相应的加固措施。其中边坡地震稳定性评价方法建议采用瑞典圆弧法进行计算，变形计算采用 Newmark 的滑块分析法。

我国《铁路工程抗震设计规范（2009 年版）》（GB 50111—2006）[136] 规定铁路工程应按照常遇地震、设计地震和罕遇地震进行抗震设计，而对铁路边坡抗震应按照设计地震进行地震稳定性验算，采用瑞典圆弧法计算边坡的安全系数，而对罕遇地震作用下边坡的变形大小验算并没有明确规定，只是提到罕遇地震作用下应进行时程分析，并没有明确规定边坡的稳定性评价指标。而时程分析时得到的边坡安全系数是随时间变化的，用某一时刻的边坡安全系数进行边坡稳定性评价显然不符合实际。

除铁路边坡相关规范外，我国《建筑边坡工程技术规范》（GB 50330—2013）[137]明确提出边坡按拟静力法进行抗震稳定性计算，通过计算边坡的安全系数进行边坡稳定性的评价。《水利水电工程边坡设计规范》（SL 386—2007）[138] 中提出对处于设计地震加速度 0.1g 及其以上地区的 1 级、2 级边坡和处于 0.2g 及其以上地区的 3～5 级边坡，应按拟静力法进行抗震稳定计算。《公路路基设计规范》（JTG D30—2015）[139] 中规定对土质挖方边坡高度超过 20m，岩质挖方边坡超过 30m 的边坡稳定性评价宜综合选用工程类比法、图解分析法、极限平衡法和竖直分析法进行，边坡稳定性验算时以验证边坡的安全系数满足规定值为标准。

按照"小震不坏，中震可修，大震不倒"的抗震设计思想，罕遇地震作用下只要保证边坡不发生崩塌就满足了抗震设计要求，而当边坡安全系数小于 1 时，由于边坡滑移面上剩余摩擦力的存在，其滑移体并不一定会产生崩塌，而是会产生累积的永久位移。因此，将永久位移作为罕遇地震作用下边坡抗震性能评价指标将更符合工程实际和基于性能的抗震设计思想。

综上所述，国内规范针对边坡抗震设计及稳定性评价多是基于安全系数指标进行稳定性验算，而地震作用下边坡的稳定性评价指标主要有安全系数和永久位移两种，由于通过永久位移可以将边坡的破坏程度定量化，可为边坡的稳定性分析提供一个参考依据，其在结构工程抗震设计中的应用较为广泛，而在岩土工程抗震领域的应用较少。因此，明确地震作用下铁路沿线边坡可靠性的评价指标，对边坡在地下水和地震双重作用下作出准确的安全性评价具有重要意义。

3.2.1　日本规范中边坡永久位移计算方法

日本铁路边坡规范中对边坡的地震稳定性评价方法规定，设计水平地震下采用拟静力法进行分析，在罕遇地震作用下采用时程分析，而在罕遇地震作用下边坡安全系数小于 1 时，要进行边坡的变形大小评价，根据变形大小进行抗震加固，其更符合基于性能的抗震设计思想，而中国规范中对边坡安全系数小于 1 时的稳定性分析没有做出具体的判断方法。

地震作用下边坡永久位移的研究国外较多，而国内相对较少。日本《鐵道構造物等設計標準・同解説》规定，铁路边坡要按照两水准抗震设计，第二水准中要进行边坡变形大小的分析，其中规定了边坡变形大小的计算方法，其是以 Newmark 法为基础，并基于圆弧滑动法求解边坡滑移体的转动变形量。此时，假定边坡滑移体为刚性体，且滑移体沿着圆弧面发生滑动。中国规范中对边坡的变形计算并没有给出明确的计算方法，而日本规范中将边坡的变形验证作为边坡评估的第二阶段，并给出了具体的计算方法。

基于 Fellenius 法计算边坡安全系数为 1 时对应的水平地震系数 k_y $(k=a_y/g)$，此时对应的滑移体的加速度值定义为临界地震系数 k_y，当地震系数开始超过临界水平地震系数 k_y 时，滑移体开始产生转动，此时滑移体的变形量为 δ，随着地震作用的持续，滑体位移逐步累积，直至边坡发生崩塌破坏。将日本规范中边坡永久位移的计算步骤概括如下：

① 确定边坡的水平震度 k。

② 通过圆弧滑动法计算边坡的安全系数；令边坡的安全系数为1，求出边坡的临界水平地震系数 k_y。

③ 确定地震波加速度时程。

④ 确定边坡的旋转变形量：计算出滑块的旋转角度 θ 后即可确定出滑块的滑动变形量，$\delta = R\theta$。

根据转动平衡准则，边坡滑体的运动方程如下式所示。

$$M_{DW} + M_{DKh} - M_{RW} - M_{RKh} - M_{RC} = J\ddot{\theta} \tag{3-1}$$

式中　　$\ddot{\theta}$——转动加速度；

　　　　J——转动惯性矩；

　　M_{DW}——重力下滑力矩；

　　M_{RW}——滑块重力产生的抵抗力矩；

　　M_{RC}——滑移面上的黏聚力产生的抵抗力矩；

　M_{DKh}——地震惯性力引起的滑动力矩，$M_{DKh} = K_h M_{DK}$；

　M_{RKh}——地震惯性力产生的抵抗力矩。

转动惯性矩可由式(3-2)求得。

$$J = \frac{1}{g} \sum w_i \cdot R^2 \tag{3-2}$$

$$M_{DW} = \sum x_i w_i \tag{3-3}$$

$$M_{DKh} = k_h M_{DK} = k_h \sum y_i \cdot w_i \tag{3-4}$$

$$M_{RW} = R \sum (w_i \cos\alpha - l_i u) \tan\phi \tag{3-5}$$

$$M_{RKh} = k_h M_{RK} = k_h R \sum w_i \cdot \sin\alpha \cdot \tan\phi \tag{3-6}$$

$$M_{RC} = R \sum c' l_i \tag{3-7}$$

式中　　w_i——滑移体的重量；

　　　ϕ——有效内摩擦角；

　　　c'——有效黏聚力；

　　k_h——水平地震系数，$k_h = \alpha_h / g$，其中 α_h 为水平加速度；

　　　α——分割块体滑移面切向与水平面夹角；

　　　u——孔隙水压力；

　　　l_i——分割块体滑移面长度；

　　　R——圆弧半径；

　　　x_i——圆弧中心到分割块体的重心的水平距离；

　　　y_i——圆弧中心到分割块体的重心的铅直距离。

安全系数的求解可由式(3-8)得出。

$$F_s = \frac{M_{RW} + M_{RKh} + M_{RC}}{M_{DW} + M_{DKh}} \tag{3-8}$$

将式中各变量代入式(3-8)，可得式(3-9)。

$$F_s = \frac{R \sum [c'l + (w_i \cdot \cos\alpha - ub \cdot \cos\alpha - k_h \cdot w_i \cdot \sin\alpha) \tan\phi]}{\sum (w_i \cdot x_g + k_h \cdot w_i \cdot y_g)} \tag{3-9}$$

式中　b——条块宽度；

　　　x_g——水平加速度；

　　　y_g——竖向加速度。

对于临界水平地震系数 k_y，可以通过边坡安全系数求解公式求，即 $F_s=1$ 时，对应的水平地震系数，求解公式如式(3-10) 所示

$$k_y = \frac{M_{RW} + M_{RC} - M_{DW}}{M_{DK} + M_{RK}} \qquad (3-10)$$

通过将上式代入运动方程可得式(3-11)

$$\ddot{\theta} = \frac{(k_h - k_y)(M_{DK} + M_{RK})}{J} \qquad (3-11)$$

将式(3-11) 进行一次积分可得到滑体的旋转角速度 $\dot{\theta}$，进行第二次积分可得到滑移体的旋转角位移 θ

$$\dot{\theta} = \int_{t_s}^{t_e} \ddot{\theta}\, \mathrm{d}t \qquad (3-12)$$

$$\dot{\theta}_{t+\Delta t} = \dot{\theta}_t + \frac{1}{2}(\ddot{\theta}_t + \ddot{\theta}_{t+\Delta t})\Delta t \qquad (3-13)$$

$$\theta_{t+\Delta t} = \theta_t + \dot{\theta}_t \Delta t + \frac{1}{6}(2\ddot{\theta}_t + \ddot{\theta}_{t+\Delta t})\Delta t^2 \qquad (3-14)$$

式中　t_s——$k_h = k_y$，$\ddot{\theta} = 0$ 时，对应的时间；

　　　t_e——$\dot{\theta} = 0$ 时对应的时间。

基于以上公式，可求得滑移体滑动时对应的滑移变形量 δ，如式(3-15) 所示

$$\delta = R\theta \qquad (3-15)$$

3.2.2　地下水位变化对边坡永久位移影响评价方法

国内外对边坡永久位移的研究多不考虑地下水的影响。基于此，本文基于转动平衡法推导了地下水位变化下边坡的永久位移计算方法，如图 3-1 所示。

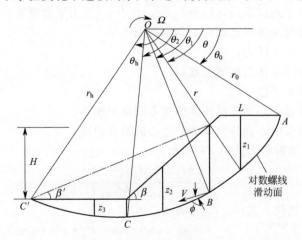

图 3-1　边坡永久位移计算方法

本文进行边坡永久变形计算进行计算时做如下的假定：潜在失稳模式为对数螺线旋转柱面；将孔隙水压力考虑为外力荷载作用。

由于边坡的滑移面为对数螺线旋转柱面，则其应该满足公式（3-16）

$$r = r_0 e^{\theta - \theta_0 \tan\phi} \tag{3-16}$$

由图 3-1 可以得出，土块 ABC 对 O 点的弯矩为 M_{ABC}，土块 OBC 绕 O 点的弯矩为 M_{OBC}，土块 OAC 和 OAB 绕 O 的弯矩分别为 M_{OAC} 和 M_{OAB}，则

$$M_{ABC} = M_{OBC} - M_{OAC} - M_{OAB}$$

因此可求得重力荷载绕 O 点的弯矩为

$$M_G = \gamma r_0^3 (f_1 - f_2 - f_3 - f_4) \tag{3-17}$$

式中，f_1、f_2、f_3 和 f_4 为 β、θ_0 和 θ_h 的函数，

$$f_1 = \frac{1}{3(1+9\tan^2\phi)} \left[(3\tan\phi\cos\theta_h + \sin\theta_h) e^{3(\theta_h - \theta_0)\tan\phi} - 3\tan\phi\cos\theta_0 - \sin\theta_0 \right]$$

$$f_2 = \frac{\overline{L}}{6} (2\cos\theta_0 - \overline{L}) \sin\theta_0$$

$$f_3 = \frac{1}{6} \left[\sin(\theta_h - \theta_0) - \overline{L}\sin\theta_h \right] \left[\cos\theta_0 - \overline{L} + \cos\theta_h e^{(\theta_h - \theta_0)\tan\phi} \right] e^{(\theta_h - \theta_0)\tan\phi}$$

$$f_4 = \overline{H}^2 \frac{\sin(\beta - \beta')}{2\sin\beta\sin\beta'} \left[\cos\theta_0 - \overline{L} - \frac{1}{3}\overline{H}(\cot\beta + \cot\beta') \right]$$

$$\overline{H} = \frac{H}{r_0} = \sin\theta_h e^{(\theta_h - \theta_0)\tan\phi} - \sin\theta_0$$

$$\overline{L} = \frac{L}{r_0} = \frac{\sin(\theta_h - \theta_0)}{\sin\theta_h} - \frac{\sin(\theta_h + \beta')}{\sin\theta_h \sin\beta'} \left[\sin\theta_h e^{(\theta_h - \theta_0)\tan\phi} - \sin\theta_0 \right]$$

式中　$\overline{L}$——滑体滑出位置与坡顶临空位置的距离；

$\overline{H}$——边坡高度。

土块 ABC 受孔隙水压力影响绕 O 点的弯矩为

$$M_u = \gamma r_0^3 r_u f_u \tag{3-18}$$

式中　r_u——孔隙水压力比，$r_u = \dfrac{u}{\gamma z}$；

u——地震作用下的孔隙水压力。

土块 ABC 受孔隙水压力影响绕 O 点的弯矩 M_u 为

$$M_u = \gamma r_0^3 r_u f_u \tag{3-19}$$

式中

$$f_u = \tan\phi \left\{ \int_{\theta_0}^{\theta_h} \frac{z_1}{r_0} \exp[2(\theta - \theta_0)\tan\phi] d\theta + \int_{\theta_1}^{\theta_2} \frac{z_2}{r_0} \exp[2(\theta - \theta_0)\tan\phi] d\theta + \right.$$

$$\left. \int_{\theta_2}^{\theta_h} \frac{z_3}{r_0} \exp[2(\theta - \theta_0)\tan\phi] d\theta \right\}$$

$$\frac{z_1}{r_0} = \frac{r}{r_0} \sin\theta - \sin\theta_0$$

$$\frac{z_2}{r_0} = \frac{r}{r_0}\sin\theta - \sin\theta_h \exp\left[(\theta_h - \theta_0)\tan\phi\right] + \left\{\frac{r}{r_0}\cos\theta - \cos\theta_2 \exp\left[(\theta_2 - \theta_0)\tan\phi\right]\right\}\tan\beta$$

$$\frac{z_3}{r_0} = \frac{r}{r_0}\sin\theta - \sin\theta_h \exp\left[(\theta_h - \theta_0)\tan\phi\right]$$

而对于滑移面 BC 上的抗剪能力主要由土体内部的提供，其抗剪力绕 O 点的弯矩 M_c 为

$$M_c = \frac{cr_0^2}{2\tan\phi}\left[e^{2(\theta_h - \theta_0)\tan\phi} - 1\right] \tag{3-20}$$

式中 c——黏聚力；

ϕ——内摩擦角。

根据转动平衡公式，可得出式(3-21)

$$M_c = M_G + M_u \tag{3-21}$$

从而可得出考虑孔隙水压力时关系式：

$$\frac{cr_0^2}{2\tan\phi}\left[e^{2(\theta_h - \theta_0)\tan\phi} - 1\right] = \gamma r_0^3\left[(f_1 - f_2 - f_3 - f_4) + r_u f_u\right] \tag{3-22}$$

由式(3-22) 可求得临界孔隙水压力时屈服加速度 r_u 为

$$r_u = \frac{c}{2f_u \gamma r_0 \tan\phi}\left[e^{2(\theta_h - \theta_0)\tan\phi} - 1\right] - \frac{f_1 - f_2 - f_3 - f_4}{f_u} \tag{3-23}$$

式中 r_u——临界孔隙水压力。

由于孔隙水压力的变化的实际是由于地下水的变化导致，使得土体内孔隙比发生变化，导致孔隙水压力发生变化。当孔隙水压力达到一定值时边坡将发生滑坡，因此 r_u 为边坡发生滑动时的临界孔隙水压力比，进而可求得临界孔隙水压力

$$u = \gamma z r_u \tag{3-24}$$

当土块 ABC 开始滑动时，其将产生绕 O 点的转动，此时土块不在保持平衡，其将产生附加弯矩，由牛顿第二定律可得附加弯矩为

$$\Delta M = \frac{G}{g}l^2 \ddot{\theta} \tag{3-25}$$

此时式(3-26) 将变为

$$\frac{cr_0^2}{2\tan\phi}\left[e^{2(\theta_h - \theta_0)\tan\phi} - 1\right] + \frac{G}{g}l^2 \ddot{\theta} = \gamma r_0^3\left[(f_1 - f_2 - f_3 - f_4) + r_u' f_u\right] \tag{3-26}$$

由式(3-22) 和式(3-26) 可得式(3-27)

$$\ddot{\theta} = \frac{gf_u \gamma r_0^3}{Gl^2}(r_u' - r_u) \tag{3-27}$$

从而可求得其土块 ABC 的水平位移为（当 $\theta\delta$ 不超过一定角度时候，其 $\delta\theta \approx \tan\delta\theta$）：

$$\theta = \iint \ddot{\theta}\, \mathrm{d}y\, \mathrm{d}y \tag{3-28}$$

由图 3-1 可知，当旋转位移较小时，在滑动面上一点的水平位移和竖向位移可用 $R\theta$ 求得，其中 $\dot{R}$ 是角度 β 的函数关系式。因此滑动面上任意点的水平位移和竖向位移分别如式(3-29) 和式(3-30) 所示

$$\delta_{\text{平}} = R\theta \sin\beta = A\exp(-\beta\tan\varphi/F_s)\theta\sin\beta \tag{3-29}$$

$$\delta_{\text{竖}} = R\theta \cos\beta = A\exp(-\beta\tan\varphi/F_s)\theta\cos\beta \tag{3-30}$$

式中　A——对数螺旋常数。

对于黏性土应该引起注意，内摩擦角 $\phi=0$，其滑动面将由对数螺旋面变为圆弧面，因此 $R\theta$ 将在滑动面上任意点为常数。

3.2.3　考虑地震动孔隙水压力影响的边坡永久位移简便计算方法

本节基于转动平衡理论推导边坡永久位移计算公式，并将地震作用下动孔隙水压力比与液化抵抗率的关系式代入永久位移计算公式中，建立考虑地震作用下动孔隙水压力影响的边坡永久位移简便计算方法。其中在进行边坡永久位移推导时，做如下假定。

① 潜在失稳模式为对数螺线旋转柱面；

② 将孔隙水压力作为外力荷载。

由于边坡的滑移面为对数螺线旋转柱面，则其应该满足式(3-31)

$$R = R_0 e^{\theta-\theta_0}\tan\phi \tag{3-31}$$

式中　R——滑移体旋转中心 O 到对数螺线旋转柱面任意点的距离；

$\quad\quad R_0$——滑移体旋转中心 O 到滑移体在边坡顶部的点 A 的距离；

$\quad\quad \theta$——旋转中心 O 到对数螺线旋转柱面任意点的距离与水平面的夹角；

$\quad\quad \theta_0$——旋转中心 O 到滑移体在边坡顶部点 A 的距离与水平面的夹角；

$\quad\quad \phi$——边坡土体的内摩擦角。

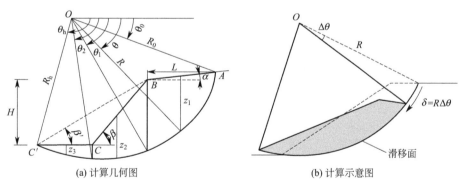

(a) 计算几何图　　　　　　　　　　(b) 计算示意图

图 3-2　边坡永久位移计算模型图

由图 3-2 可以得出，土块 $ABCC'$ 重力荷载对 O 点的力矩为 $M_{ABCC'}$，土块 OAC' 重力荷载对 O 点的力矩为 $M_{OAC'}$，土块 OAB、OBC 和 OCC' 重力荷载对 O 的力矩分别为 M_{OAB}、M_{OBC} 和 $M_{OCC'}$，则有式(3-32)

$$M_{ABCC'} = M_{OAC'} - M_{OAB} - M_{OBC} - M_{OCC'} \tag{3-32}$$

因此，可求土块 $ABCC'$ 的重力荷载 G 对 O 点的转动力矩为

$$M_G = \gamma R_0^3 (f_1 - f_2 - f_3 - f_4) \tag{3-33}$$

f_1、f_2、f_3 和 f_4 为 β、θ_0、θ_h 和 α 的关系式[140] 为

$$f_1 = \frac{1}{3(1+9\tan^2\phi)}\left[(3\tan\phi\cos\theta_h+\sin\theta_h)e^{3(\theta_h-\theta_0)\tan\phi}-3\tan\phi\cos\theta_0-\sin\theta_0\right]$$

$$f_2 = \frac{\overline{L}}{6}(2\cos\theta_0-\overline{L}\cos\alpha)\sin(\theta_0+\alpha)$$

$$f_3 = \frac{\exp[\sin(\theta_h-\theta_0)\tan\phi]}{6}\left[\sin(\theta_h-\theta_0)-\overline{L}\sin(\theta_h+\alpha)\right]$$
$$\left[\cos\theta_0-\overline{L}\cos\alpha+\cos\theta_h e^{(\theta_h-\theta_0)\tan\phi}\right]e^{(\theta_h-\theta_0)\tan\phi}$$

$$f_4 = \overline{H}^2\frac{\sin(\beta-\beta')}{2\sin\beta\sin\beta'}\left[\cos\theta_0-\overline{L}\cos\alpha-\frac{1}{3}\overline{H}(\cot\beta+\cot\beta')\right]$$

$$\overline{H} = \frac{H}{R_0} = \sin\theta_h e^{(\theta_h-\theta_0)\tan\phi}-\sin\theta_0$$

$$\overline{L} = \frac{L}{R_0} = \frac{\sin(\theta_h-\theta_0)}{\sin(\theta_h+\alpha)}+\frac{\sin(\theta_h+\beta')\sin(\theta_0+\alpha)}{\sin(\theta_h+\alpha)\sin(\beta'-\alpha)}-$$
$$\frac{\sin(\theta_h+\beta')\sin(\theta_h+\alpha)\exp[(\theta_h-\theta_0)\tan\phi]}{\sin(\theta_h+\alpha)\sin(\beta'-\alpha)}$$

式中　γ——土的重度；

　　　α——坡顶与水平面夹角；

　　　β——坡角；

　　　β'——图 3-2 中 BC' 与 CC' 之间的夹角。

在水平地震作用下土块 $ABCC'$ 重力荷载对 O 点的转动力矩如式（3-34）所示

$$M_E = k\gamma R_0^3(f_1'-f_2'-f_3'-f_4') \tag{3-34}$$

$$k = \frac{a}{g}$$

式中　　　　　　k——水平地震系数；

　　　　　　　　a——地震加速度；

f_1', f_2', f_3', f_4'——β, θ_0, θ_h 和 α 的关系式[141]。

$$f_1' = \frac{1}{3(1+9\tan^2\phi)}\left[(3\tan\phi\sin\theta_h-\cos\theta_h)e^{3(\theta_h-\theta_0)\tan\phi}-3\tan\phi\sin\theta_0+\cos\theta_0\right]$$

$$f_2' = \frac{1}{6}\times\frac{L}{R_0}\left(2\sin\theta_0+\frac{L}{R_0}\sin\alpha\right)\sin(\theta_0+\alpha)$$

$$f_3' = \frac{1}{6}\times\frac{H}{R_0}\times\frac{\sin(\beta'+\theta_h)}{\sin\beta'}\left[2\sin\theta_h e^{(\theta_h-\theta_0)\tan\phi}-\frac{H}{R_0}\right]e^{(\theta_h-\theta_0)\tan\phi}$$

$$f_4' = \left(\frac{H}{R_0}\right)^2\frac{\sin(\beta-\beta')}{6\sin\beta\sin\beta'}\left\{3\sin\theta_h\exp[(\theta_h-\theta_0)\tan\phi]-\frac{H}{R_0}\right\}$$

受孔隙水压力作用土块 $ABCC'$ 重力荷载对 O 点的转动力矩如式（3-35）所示

$$M_U = \gamma r_0^3 r_u f_u \tag{3-35}$$

$$r_u = \frac{u}{\gamma z}$$

$$f_u = \tan\phi\left\{\int_{\theta_0}^{\theta_1}\frac{z_1}{r_0}\exp[2(\theta-\theta_0)\tan\phi]d\theta+\int_{\theta_1}^{\theta_2}\frac{z_2}{r_0}\exp[2(\theta-\theta_0)\tan\phi]d\theta+\right.$$

$$\left. \int_{\theta_2}^{\theta_h} \frac{z_3}{r_0} \exp[2(\theta-\theta_0)\tan\phi]\mathrm{d}\theta \right\}$$

$$\frac{z_1}{r_0} = \frac{r}{r_0}\sin\theta - \sin\theta_0 + \left(\frac{r}{r_0}\cos\theta - \cos\theta_0\right)\tan\alpha$$

$$\frac{z_2}{r_0} = \frac{r}{r_0}\sin\theta - \sin\theta_h\exp[(\theta_h-\theta_0)\tan\phi] +$$

$$\left\{\frac{r}{r_0}\cos\theta - \cos\theta_2\exp[(\theta_2-\theta_0)\tan\phi]\right\}\tan\beta\frac{z_3}{r_0}$$

$$= \frac{r}{r_0}\sin\theta - \sin\theta_h\exp[(\theta_h-\theta_0)\tan\phi]$$

式中 r_u——孔隙水压力比；

u——地下水产生的孔隙水压力；

z——边坡的竖向深度；

f_u——z_1、z_2、z_3、θ_b 和 θ_h 的关系式[142]。

滑移面 AC' 上的抵抗剪力主要由土体内部自身摩擦力提供，其抗剪力绕 O 点的转动力矩如式（3-36）所示

$$M_C = \frac{cr_0^2}{2\tan\phi}[\mathrm{e}^{2(\theta_h-\theta_0)\tan\phi}-1] \tag{3-36}$$

式中 c——黏聚力；

ϕ——内摩擦角。

根据转动平衡原理，可得式（3-37）

$$M_C = M_G + M_E + M_U \tag{3-37}$$

将式（3-33）～式（3-36）代入式（3-37），可得出考虑孔隙水压力时的边坡永久位移关系式如式（3-38）所示

$$\frac{cr_0^2}{2\tan\phi}[\mathrm{e}^{2(\theta_h-\theta_0)\tan\phi}-1] = \gamma r_0^3[(f_1-f_2-f_3-f_4)+k(f_1'-f_2'-f_3'-f_4')+r_u f_u] \tag{3-38}$$

式（3-38）中由于 r_u 为未知量，所以不能求得土体即将发生相对运动时的地震加速度以及边坡的临界加速度。但孔隙水压力的变化源于地震作用下土体之间相对运动，因此，假定地震加速度未超过临界加速度前没有发生明显的运动，即土体内的孔隙水压力没有发生变化，可用初始孔压比 r_{u_0} 代替式（3-38）中的 r_u，即可确定土体即将发生运动时的加速度 a_c，$a_c = k_c g$，k_c 为滑移体即将发生运动时的水平地震系数。

当 $k \leqslant k_c$ 时，则有

$$u = u_0 \tag{3-39}$$

式中 u_0——边坡的初始孔隙水压力。

$$\frac{cr_0^2}{2\tan\phi}[\mathrm{e}^{2(\theta_h-\theta_0)\tan\phi}-1] = \gamma r_0^3[(f_1-f_2-f_3-f_4)+k_c(f_1'-f_2'-f_3'-f_4')+r_{u_0}f_{u_0}] \tag{3-40}$$

由式（3-40）可得考虑孔隙水压力影响时土体即将发生运动时的水平地震系数

$$k_c = \frac{gcr_0^2}{2\gamma r_0^3 (f_1' - f_2' - f_3') \tan\phi} [e^{2(\theta_h - \theta_0)\tan\phi} - 1] - \frac{(f_1 - f_2 - f_3 - f_4)g + gr_{u_0}f_{u_0}}{(f_1' - f_2' - f_3' - f_4')}$$

$$(3-41)$$

边坡滑移时存在多个滑移面，而在不同的滑动面中存在一个最危险的滑动面，从而存在一个最小临界加速度，对式(3-41)求导可确定临界加速度的极小值。式(3-41)中包含三个未知参数（θ_0、θ_h、β'），对未知参数求导可得

$$\frac{\partial k_c}{\partial \theta_0} = 0 \qquad\qquad (3-42)$$

$$\frac{\partial k_c}{\partial \theta_h} = 0 \qquad\qquad (3-43)$$

$$\frac{\partial k_c}{\partial \beta'} = 0 \qquad\qquad (3-44)$$

通过式(3-42)～式(3-44)可求出参数 θ_0、θ_h、β'，进而确定出边坡的最小临界加速度。

当地震加速度超过边坡的临界加速度时，式(3-41)不再成立。此时边坡在地震作用下的孔隙水压力可表示为

$$u = u_0 + \Delta u \qquad\qquad (3-45)$$

式中 Δu——地震作用导致的孔隙水压力增量。

当土块 $ABCC'$ 开始滑动时，其将产生绕 O 点的转动，此时土块不再保持平衡，产生附加力矩，由牛顿第二定律可得附加力矩如式(3-46)所示

$$\Delta M = \frac{G}{g} l^2 \ddot{\theta} \qquad\qquad (3-46)$$

将式(3-46)代入式(3-40)可得到式(3-47)

$$\frac{cr_0^2}{2\tan\phi} [e^{2(\theta_h - \theta_0)\tan\phi} - 1] + \frac{G}{g} l^2 \ddot{\theta} = \gamma R_0^3 [(f_1 - f_2 - f_3 - f_4) + k(f_1' - f_2' - f_3' - f_4') + r_u' f_u] \quad (3-47)$$

式中 r_u'——土体发生滑动时，即 $k \geqslant k_c$ 时的孔隙水压力比。

将式(3-47)减去式(3-40)可得式(3-48)

$$\ddot{\theta} = \frac{g\gamma r_0^3}{Gl^2} [(k - k_c)(f_1' - f_2' - f_3' - f_4') + (r_u' - r_{u_0}) f_u] \qquad (3-48)$$

式中 l——O 点到土块 ABC 中心的距离。

$$l = \frac{\gamma r_0^3}{G} \sqrt{(f_1 - f_2 - f_3 - f_4)^2 + (f_1' - f_2' - f_3' - f_4')^2}$$

式中 G——土块 $ABCC'$ 的重力荷载。

将式(3-48)连续积分可得

$$\dot{\theta} = \int_{t_s}^{t_e} \ddot{\theta} \, dt \qquad\qquad (3-49)$$

$$\theta = \int_{t_s}^{t_e} \dot{\theta} \, dt \qquad\qquad (3-50)$$

$$\dot{\theta}_{t+\Delta t} = \dot{\theta}_t + \frac{1}{2}(\ddot{\theta}_t + \ddot{\theta}_{t+\Delta t})\Delta t \qquad (3-51)$$

$$\theta_{t+\Delta t} = \theta_t + \dot{\theta}_t \Delta t + \frac{1}{6}(2\ddot{\theta}_t + \ddot{\theta}_{t+\Delta t})\Delta t^2 \qquad (3-52)$$

式中 t_s——$k = k_c$、$\ddot{\theta} = 0$ 时对应的时间；

$\quad\quad t_e$——$\dot{\theta} = 0$ 对应的时间。

通过连续积分可得滑移体滑动时对应的永久位移 δ 为

$$\delta = R\Delta\theta \qquad (3-53)$$

3.2.4 地震作用下动孔隙水压力简易计算方法

地震时边坡的孔隙水压力计算方法主要包括：基于有限元的有效应力直接求解以及通过计算边坡的剪切应力和加速度间接测定。前者要建立边坡的准确模型，运算量大，用于实际工程中的地震稳定性评价较为复杂。基于此，本书参考日本《道路橋示方書・同解説（Ⅴ耐震設計編）》[143] 中地震作用下动孔隙水压力的简易计算方法，将动孔隙水压力简易计算方法代入式(3-47)中，可求出考虑动孔隙水压力影响的边坡永久位移。

日本《道路橋示方書・同解説（Ⅴ耐震設計編）》中采用动孔隙水压力比 r_u 与液化抵抗率 F_L 的经验关系式来计算地震作用下边坡的动孔隙水压力，如式(3-54)所示

$$r_u = \begin{cases} F_L^{-7} & F_L \geqslant 1 \\ 1 & F_L \leqslant 1 \end{cases} \qquad (3-54)$$

式中 r_u——孔隙水压力比；

$\quad\quad F_L$——液化抵抗率。

其中孔隙水压力比和液化抵抗率的关系如图 3-3 所示。

液化抵抗率可以由式(3-55)~式(3-58)求出[144]

$$F_L = \frac{R}{L} \qquad (3-55)$$

$$R = C_W R_L \qquad (3-56)$$

$$L = \gamma_d k_{hg} \sigma_v / \sigma_{v'} \qquad (3-57)$$

$$\gamma_d = 1 - 0.015x \qquad (3-58)$$

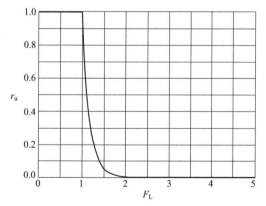

图 3-3 孔隙水压力比和液化抵抗率的关系

式中 R——动剪应力比；

$\quad\quad L$——地震动剪应力比；

$\quad\quad C_W$——地震动特性修正系数；

$\quad\quad R_L$——三轴强度比；

$\quad\quad \gamma_d$——地震时沿深度方向的剪应力衰减系数；

$\quad\quad k_{hg}$——地震动设计水平震度；

$\quad\quad \sigma_v$——全部的上部压强；

σ'_v——上部有效压强；

x——距离地表面的深度。

L 为地震时的动剪应力比，可通过式(3-59) 求解

$$L = \frac{\lambda_d SI \sigma_v}{\sigma'_v} \tag{3-59}$$

$$\lambda_d = b - ax \tag{3-60}$$

$$a = [0.0052(\alpha_{max}/SI) - 0.0163] \times 10^{-2} \tag{3-61}$$

$$b = [0.0910(\alpha_{max}/SI) + 0.0787] \times 10^{-2} \tag{3-62}$$

SI 可通过式(3-63) 进行求解

$$SI = \frac{1}{2.4} \int_{0.1}^{2.5} S_v dt \tag{3-63}$$

式中　SI——地震波反应谱强度[145]；

S_v——衰减系数为 20％时对应的速度谱强度值。

地震动频谱特性修正系数 C_W 在远洋型地震（远场地震）下通常取值为 1，在直下型地震（近场地震）作用下其计算方法如式(3-64) 所示

$$C_W = \begin{cases} 1.0 & (R_L \leqslant 0.1) \\ 3.3R_L + 0.67 & (0.1 \leqslant R_L \leqslant 0.4) \\ 2.0 & (0.4 \leqslant R_L) \end{cases} \tag{3-64}$$

R_L 为三轴强度比，可通过式(3-65)～式(3-69) 求解

$$R_L = \begin{cases} 0.0882\sqrt{N_a/1.7} & (N_a \leqslant 14) \\ 0.0882\sqrt{N_a/1.7} + 1.6(N_a - 14)^{4.5} & (N_a \geqslant 14) \end{cases} \tag{3-65}$$

$$N_a = c_1 N_1 + c_2 \tag{3-66}$$

$$N_1 = 170N/(\sigma'_v + 70) \tag{3-67}$$

$$c_1 = \frac{(F_c + 40)}{50} \quad (10\% \leqslant F_c \leqslant 80\%) \tag{3-68}$$

$$c_2 = \frac{(F_c - 10)}{18} \quad (10\% \leqslant F_c) \tag{3-69}$$

式中　N_a——上部有效荷载为 $\sigma'_v = 100\text{kPa}$ 换算的 N 值；

N——标准贯入试验测得的 N 值；

F_c——细粒的百分含量；

c_1，c_2——细粒不同含油量对应的 N 值的修正系数。

通过液化抵抗率可求得地震作用下边坡的动孔隙水压力比 r_u，此公式用于边坡土为非完全液化的状态。因此，可求得边坡对应的总的孔隙水压力，如式(3-70) 所示

$$U = U_0 + r_u \sigma'_v \tag{3-70}$$

式中　U——总的孔隙水压力；

U_0——初期孔隙水压力，即静孔隙水压力。

3.3 基于简便计算方法的边坡永久位移的影响因素分析

当边坡滑移体开始滑动时，对应的边坡安全系数为1，此时地震对应的加速度为临界加速度，当地震峰值加速度超过此临界加速度后，随着地震的持续作用，边坡会产生永久位移，因此，永久位移产生时边坡的安全系数小于1。为了分析不同影响因素（地震动强度、地震波的频谱特性、边坡的坡比和地下水位变化）对边坡永久位移和安全系数的影响规律，本书基于3.2节建立的考虑地震动孔隙水压力的简便方法，计算了不同影响因素下边坡的永久位移和安全系数，并采用非线性拟合法建立了安全系数和永久位移的拟合关系式。

3.3.1 计算模型和计算方案

以均质砂质土边坡作为研究对象，基于边坡永久位移简便计算方法，进行边坡的稳定性分析。分别考虑地震峰值加速度、地震波的频谱特性、坡高、坡比和地下水位变化的影响，其中边坡的分析模型如图3-4所示。

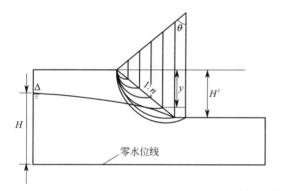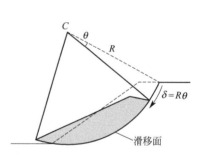

图 3-4　边坡分析模型

边坡模型的物理参数如表3-2所示。

表 3-2　边坡模型的物理参数

土体	泊松比	弹性模量 /MPa	天然重度 /(kN/m³)	饱和重度 /(kN/m³)	黏聚力 /kPa	内摩擦角 /(°)	渗透系数 /(cm/s)
砂质土	0.3	30.4	17.5	20.4	11.42	35.23	5×10^{-5}

研究各因素对边坡最小安全系数和永久位移的影响规律，采用的解析计算方案如表3-3所示。

表 3-3　解析计算方案

因素	坡比	坡高/m	地下水位 H_w/m	地震最大加速度 /(m/s²)	地震波
地震动峰值加速度	1:1.5	12	5	3、4、5、6、7、8、9、10	ElCentro
坡比	1:1.4	12	5	4、5、6	ElCentro
	1:1.5	12	5	4、5、6	
	1:1.6	12	5	4、5、6	

因素	坡比	坡高/m	地下水位 H_w/m	地震最大加速度 /(m/s²)	地震波
地下水位变化	1：1.5	12	16	4、5、6	ElCentro
			17	4、5、6	
			18	4、5、6	
坡高	1：1.5	12	5	4、5、6	ElCentro
		24	10	4、5、6	ElCentro
		36	15	4、5、6	ElCentro
地震的频谱特性影响	1：1.5	12	5	4、5、6	ElCentro、T1-Ⅱ-1 T2-Ⅱ-1

3.3.2　地震作用下边坡永久位移和安全系数的影响因素分析

基于前文提出的边坡的永久位移简便计算方法和拟静力法计算了边坡的永久位移和安全系数，研究了多因素作用对边坡永久变形和最小安全系数的影响规律，其中地震峰值加速度对边坡永久位移和最小安全系数的影响规律如图 3-5 所示。

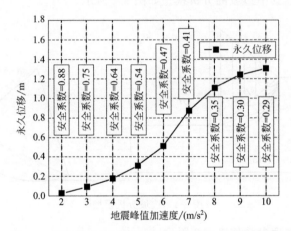

图 3-5　加速度对边坡永久位移和最小安全系数的影响

由图 3-5 可以看出，随着地震峰值加速度的增加，边坡的永久位移呈现增加的趋势，且当地震峰值加速度低于 5m/s² 时，其永久位移是 2m/s² 时的 11.5 倍；随着峰值加速度的继续增加，边坡的永久位移增加显著，直到峰值加速度达到 8m/s² 时，其永久位移是峰值加速度 2m/s² 时的 48.8 倍。随着地震动峰值加速度的增加，边坡的安全系数与永久位移呈现相反的趋势，安全系数保持减小的趋势，从地震峰值加速度 2m/s² 到 10m/s² 边坡的安全系数减小了 67%。由此可知，当边坡内地下水位升高到一定程度时，边坡的永久位移和安全系数将会出现急剧突变，对边坡稳定性影响极为不利，因此，在较高水位时应该进行重点防护。

通过求解不同坡比下边坡的永久位移和安全系数，分析了坡比对边坡永久位移和安全系数的影响规律，如图 3-6 所示。

由图 3-6 可知，随着边坡坡比的增加，边坡的永久位移出现减小的趋势，且在

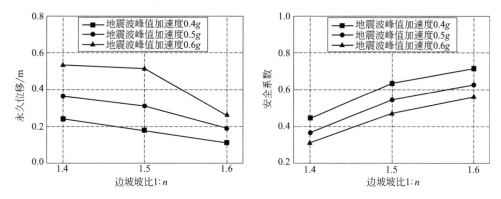

图 3-6　边坡坡比对永久位移和安全系数的影响规律

坡比为 1∶1.6 时，边坡的永久位移分别为 0.28m（0.6g）、0.21m（0.5g）和 0.17m（0.4g），相较于坡比为 1∶1.4 时分别减小了 46.2%、43.3% 和 26.2%。此外，随着坡比的增加，边坡的安全系数呈现增加的趋势，当坡比为 1∶1.6 时，其安全系数分别为 0.469（0.6g）、0.544（0.5g）和 0.636（0.4g），相较于坡比为 1∶1.4 时分别增大了 52.3%、48.2% 和 43.6%。由此可知，随着边坡坡比的增加，边坡稳定性降低明显，其坡比的减小使得边坡在外界荷载作用下的下滑力增加，当滑移体上的摩擦力小于下滑力时，将会发生滑坡，因此，坡比在边坡的防护设计中应该引起重视。

　　研究地下水位高度变化对边坡永久位移和安全系数的影响规律，如图 3-7 所示。

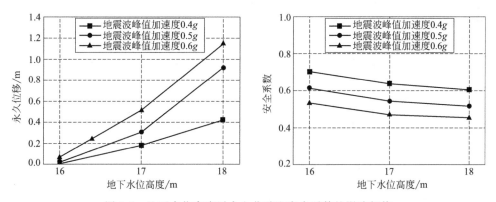

图 3-7　地下水位高度对永久位移和安全系数的影响规律

　　由图 3-7 可知，随着地下水位的增加，边坡的永久位移出现增加的趋势，安全系数呈现减小的趋势。且在地下水位达到 18m 时，边坡的永久位移分别为 0.41m（0.4g）、0.93m（0.5g）和 1.17m（0.6g），是地下水位为 16m 时永久位移的 4.5 倍、4.7 倍和 4.2 倍，而地下水位达到 18m 时，安全系数分别比地下水位为 16m 时的安全系数减小了 14.0%、15.8% 和 15.0%。由此可知，当地下水位的升高到一定程度时，边坡滑移面的孔隙水压力不断增大，除了地水位升高引起的静孔隙水压力增大外，还受到地震作用下动孔隙水压力的影响，因此随着地下水位的继续升高，滑移面孔隙水压力增大，使得边坡的下滑力增大，使得边坡的安全系数不断地降低，如果不能进行有效的防护，最终会导致边坡的滑坡。

研究边坡高度对边坡永久位移和安全系数的影响规律，如图 3-8 所示。

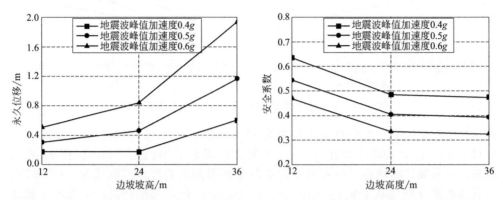

图 3-8　边坡高度对边坡永久位移和安全系数的影响规律

由图 3-8 可知，随着边坡高度的增加，边坡的永久位移均表现出增加的趋势，安全系数呈现减小的趋势。且在边坡高度达到 36m 时，边坡的永久位移分别为 0.60m（0.4g）、1.16m（0.5g）和 1.93m（0.6g），是边坡高度为 12m 时的永久位移的 3.4 倍、3.9 倍和 3.8 倍，而安全系数分别比边坡高度为 12m 时的安全系数减小了 25.3%、27.6% 和 15.0%。由此可知，当边坡坡角不变的情况下，随着边坡高度的增加，边坡滑移体的重力增加，从而使边坡的下滑力增加，随着边坡高度的增加，边坡失去稳定，从而产生滑移破坏。

分别选取近场地震波 T2-Ⅱ-1、EICentro 地震波和远场地震波 T1-Ⅱ-1 研究地震波频谱特性对边坡永久位移和安全系数的影响规律，如图 3-9 所示。

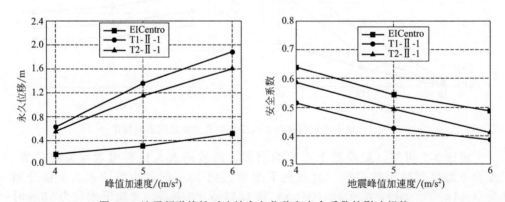

图 3-9　地震频谱特性对边坡永久位移和安全系数的影响规律

由图 3-9 可知，在近远场地震和 EICentro 地震作用下，随着地震峰值加速度的增加，边坡的永久位移均表现出增加的趋势，安全系数呈现减小的趋势。且远场地震（T1-Ⅱ-1）对边坡的永久位移和安全系数的影响要大于近场地震（T2-Ⅱ-1）。在远场地震（T1-Ⅱ-1）作用下，边坡的永久位移分别为 0.62m（0.4g）、1.36m（0.5g）和 1.61m（0.6g），分别比近场地震（T2-Ⅱ-1）作用下增大了 9.44%，15.19% 和 15.38%，安全系数分别减小了 13.6%，16.5% 和 6.0%。且远场地震 T1-Ⅱ-1 和近场地震 T2-Ⅱ-1 地震作用下边坡的永久位移明显比 EI-Centro 地震作用下的结果偏大。在远场地震（T1-Ⅱ-1）作用下边坡的永久位移分别比 EICentro 地震作用下的永久位移增大 71.4%，77.1% 和 73.1%，安全系数分别减小了 23.3%，28.3% 和 25.7%。分析其原因，主要是由于地下水的存在使得边坡的自振周期增大，边坡自振周期处于远场地震波的反应谱的卓越周期平台内，容易产生共振现象，因此，在远场地震作用下边坡的稳定性更应重点防护。

3.3.3 边坡永久位移和安全系数的拟合关系式

基于本书提出地震作用下考虑动孔隙水压力影响的永久位移简便计算方法计算了不同因素对边坡永久位移和安全系数的变化规律，并通过非线性拟合确定了边坡最小安全系数和最大永久位移的关系式，如图 3-10 所示。

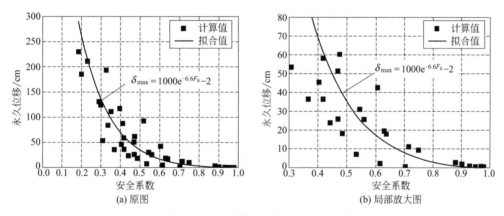

图 3-10　边坡最小安全系数和最大永久位移的简便关系式

由图 3-10 可知，通过考虑各个影响因素计算出的边坡永久位移和安全系数进行拟合分析，可得到边坡永久位移和安全系数的关系式。不同因素影响下，边坡安全系数和永久位移呈现指数函数变化，且随着边坡安全系数的增加，永久位移整体呈现出减小的趋势。因此，可通过非线性回归分析，确定出边坡永久位移和安全系数的指数函数拟合变关系式，如式（3-71）所示。

$$\delta_{max} = 1000e^{-6.6F_s} - 2 \tag{3-71}$$

由于式（3-71）考虑了地震动峰值加速度、边坡坡高、边坡坡比、地下水位高度、竖向地震动、地震波的频谱特性等各因素对边坡永久位移和安全系数的影响规律，因此其可用于对边坡永久位移的快速评估，为工程设计人员进行边坡的抗震加固提供参考。

3.3.4 基于永久位移的边坡地震稳定性安全评价方法

边坡稳定分析是进行边坡研究的核心内容，拟静力法将地震等动力作用等效为静力作用，可采用常规的静力稳定分析方法进行分析，其极大简化了滑移体在地震力作用下的破坏过程，计算和理论均较为简单。由于拟静力法分析的是地震力的作用，是在一定的动力分析的假设条件下进行分析的，如加速度假定（拟静力法假定边坡的地基加速度和边坡整体的加速度一致）、力不变假定（认为施加在边坡滑动体中心处的地震惯性力是一个不变的量）以及失稳方式假定（认为安全系数小于1时，边坡发生失稳）。这些假定往往夸大了动力的作用，导致计算结果的失真。另外地震时振动荷载可引起边坡的重复加载和松弛变形，而拟静力法不能完全模拟，且不能考虑土体的变形机制以及破坏过程中的应力、应变变化，其计算误差相对较大。基于此，本书建议采用安全系数和永久位移双重指标进行边坡的地震稳定性评价方法分析，永久位移将边坡的变形进行了量化分析，其更具有一定的合理性。

在边坡抗震计算与设计中，国内规范中对边坡永久位移量没有明确的定义，国外 Wieczorek（1985）、Wilson（1985）、Jibson and Michael（2009）等对边坡永久位移量的界定如表 3-4 所示。

表 3-4 边坡永久位移量的界定

名称	永久位移/cm	边坡破坏程度
Wieczorek（1985）	5	地面开裂且局部滑动
Wilson and Keefer(1985)	10	边坡岩体破坏且发生滑动
California Geological Survey's guidelines(2008)	0～15	边坡内部损伤出现局部滑动
	15～100	强度丧失和持续滑动
	＞100	破坏性的大型滑坡
Jibson and Michael（2009）	0～1	低
	1～5	中
	5～15	高
	＞15	超高

基于前文对中日铁路边坡规范中边坡地震稳定性评价指标和评价方法的分析，以及对地震作用下考虑动孔隙水压力影响的边坡永久位移的简便计算方法推导，明确了地震作用下不同影响因素对边坡安全系数和永久位移的影响规律，并确定了边坡永久位移和安全系数的拟合关系式。日本铁路边坡规范中虽然规定了以安全系数和永久位移进行边坡地震稳定性评价，但是对于边坡的安全系数和永久位移分别超过了界限值后的具体设计方法并没有做出说明，因此，在总结国外已有评价方法的基础上，本书建议对边坡的地震稳定性分析分为两水准设防。水准一：计算边坡的安全系数，通过安全系数的大小判定边坡的稳定性。水准二：计算边坡的永久变形量，判定是否超过了允许值。基于此，结合前文的分析，建议详细的边坡地震稳定性评价流程如图 3-11 所示。

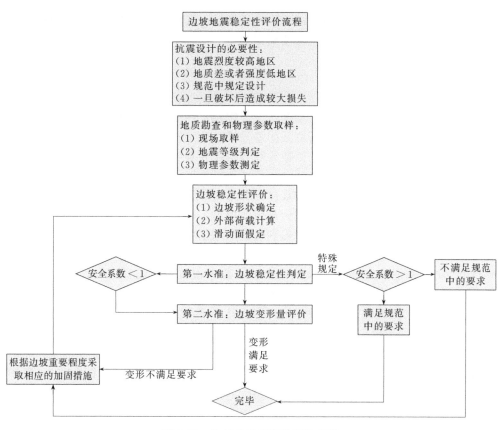

图 3-11 边坡地震稳定性评价流程

由图 3-11 可知，当边坡的安全系数等于 1 时，边坡的抗滑力和下滑力相等，对应的地震加速度为临界加速度，随着地震持续作用，当加速度超过临界加速度时，边坡开始产生永久位移，也就是说当边坡的安全系数小于 1 时，并不一定产生崩塌破坏，边坡会产生累积永久位移，由后面章节边坡的振动台试验可得到验证，如图 3-12 所示，即图 3-11 中第二水准-变形的验算中的位移。因此，首先计算边坡的安全系数，并进一步对边坡的永久位移进行评估，最后根据边坡的重要程度来对

(a) 安全系数 $F_s \approx 1$

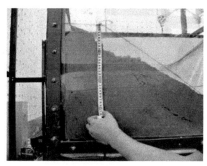

(b) 安全系数 $F_s < 1$

图 3-12 基于室内振动台试验的边坡永久位移的产生

边坡采取相应的加固方法，更具准确性和经济性。其中边坡的永久位移可通过本文永久位移和安全系数拟合关系式快速确定。

3.4　本章小结

本章通过对比中日铁路规范中的边坡地震稳定性的评价方法，明确了中日铁路边坡规范中边坡地震稳定性分析方法的差异性；基于转动平衡理论建立了考虑地震动孔隙水压力影响的永久位移的简便计算方法，并利用永久位移的简便计算方法研究了地震动峰值加速度、边坡坡高、边坡坡比、地下水位高度和地震波的频谱特性对边坡安全系数和永久位移的影响规律，并采用非线性回归分析方法，建立了边坡永久位移和安全系数的拟合关系式。最后，提出了边坡基于安全系数和永久位移的地震稳定性评价方法的基本流程。得到的主要结论如下。

① 通过对比国内外边坡地震稳定性评价方法，明确了国内外边坡地震稳定性评价方法的差异性；基于对中日铁路边坡规范中边坡的地震稳定性评价方法的对比，形成了一套结合永久位移的边坡地震稳定性评价新思路，并提出了基于安全系数和永久位移的边坡地震稳定性评价流程，其更符合实际。

② 基于转动平衡理论推导了边坡永久位移计算式，并将日本规范中的动孔隙水压力比和液化抵抗率的关系式代入边坡永久位移计算式中，建立了考虑动孔隙水压力影响的边坡永久位移简便方法。通过此方法不仅可以考虑地震作用下动孔隙水压力对边坡永久位移的影响，而且还可以考虑地震的频谱特性对永久位移的影响，将为边坡的稳定性评估提供参考。

③ 基于建立的边坡永久位移简便计算方法研究了边坡坡比、地震峰值加速度、地下水位和地震波频谱特性对永久位移和安全系数的影响规律。研究发现，地震峰值加速度达到 $8m/s^2$ 时，其永久位移是峰值加速度 $2m/s^2$ 时的 48.8 倍；地震峰值加速度从 $2m/s^2$ 增加到 $10m/s^2$ 时边坡的安全系数减小了 67%，由此可知，当边坡内地下水位升高到一定程度时，边坡的永久位移和安全系数的降低幅度将会出现突变，其对边坡稳定性影响极为不利。随着边坡坡比的增加，边坡稳定性降低明显，而随着地下水位的升高，滑移面上孔隙水压力增大，边坡的安全系数不断降低；远场地震对边坡的永久位移和安全系数的影响要大于近场地震。

④ 随着边坡安全系数的增加，永久位移整体呈现出减小的趋势，且边坡永久位移随着安全系数的变化呈现出指数函数变化规律；最后采用非线性回归分析方法，建立了边坡永久位移和安全系数的拟合关系式，通过求此拟合关系式可快速确定边坡的永久位移，为边坡的加固提供指导。

第4章
不同地下水位对边坡稳定性影响的拟静力分析

4.1 概述

通过对边坡破坏的主要原因进行总结分析，发现边坡的滑坡与破坏几乎都与地下水或者降雨有关，尤其是地下水位的变化是造成边坡滑坡破坏的主要因素[146-156]。因此，在实际工程中进行边坡的稳定性分析时，应该对地下水位变化引起的边坡的破坏加以重视，采取相应的预防措施，防止地下水位的上升。

本章重点分析不考虑动孔隙水压力时，地下水位变化对边坡稳定性和变形机制的影响规律。目前边坡的稳定性分析方法主要包括拟静力法、Newmark 滑块位移法、时程分析法和有限元分析法。而拟静力法简便、易于操作，在工程实践中被广泛应用，但是拟静力法不能考虑地震作用下边坡动孔隙水压力的影响。此外，拟静力法一般结合边坡极限平衡法和强度折减法进行边坡的稳定性分析。

基于以上原因，本章采用拟静力法进行边坡的稳定性分析。根据《铁路工程抗震设计规范》（GB 50111—2006），按照设计基本地震加速度值，在不考虑地震作用下动孔隙水压力影响时，研究不同地下水位对边坡安全系数、应力、应变、变形和破坏模式的影响规律。采用有限元软件 Plaxis 和 Geostudio 研究边坡水位 H 的高度为 12m、14m、16m、18m、20m、22m 和 24m 时边坡的稳定性。

4.2 边坡稳定性分析的拟静力法

目前国内边坡规范中边坡的地震稳定性评价都是在极限平衡法基础上采用拟静力法计算边坡的安全系数，当边坡安全系数小于 1 时判定为边坡失稳破坏。

《铁路工程抗震设计规范》（GB 50111—2006）和《建筑边坡工程技术规范》（GB 50330—2013）中考虑地下水和地震对边坡稳定性的影响采用简单的叠加法，地震对边坡稳定性的影响采用拟静力法；地下水对边坡稳定性的影响考虑为条块单位宽度的动水压力，但其值仅与水的重度、水下土体积、滑面倾角及地下水位面倾角有关。其中动水压力 P_{wi} 的计算公式如式（4-1）所示。

$$P_{wi} = \gamma_w V_i \sin \frac{1}{2}(\alpha_i + \theta_i) \tag{4-1}$$

式中　γ_w——水的重度，kN/m^3；

　　　α_i——滑面倾角；

　　　θ_i——地下水位面倾角；

　　　V_i——第 i 条块的单位宽度岩土体的水下体积。

对于地震对边坡稳定性的影响，将地震简化为作用于各条块质心处的水平地震力，其计算方法如式(4-2) 所示。

$$F_{ihE} = \eta A_g m_i \tag{4-2}$$

式中　F_{ihE}——第 i 条土块质心处的水平地震力；

　　　η——水平地震作用修正系数，取值为 0.25；

　　　A_g——地表面地震加速度峰值；

　　　m_i——第 i 条土块的质量。

根据《铁路工程抗震设计规范》(GB 50111—2006) 和《建筑边坡工程技术规范》(GB 50330—2013)，考虑地震力和地下水对边坡稳定性影响时，可以概括为公式(4-3)。

$$K_s = \frac{\sum R_i - E_s \sin\theta}{\sum T_i + E_s \cos\theta}$$

$$= \frac{[(G_i + G_{bi})\cos\theta_i + \gamma_w V_i \sin\frac{1}{2}(\alpha_i + \theta_i) \cdot \sin(\alpha_i - \theta_i)] \cdot \tan\varphi_i + C_i l_i - C_i C_z K_h G_s \cdot \sin\theta}{(G_i + G_{bi})\sin\theta_i + \gamma_w V_i \sin\frac{1}{2}(\alpha_i + \theta_i) \cdot \sin(\alpha_i - \theta_i) + C_i C_z K_h G_s \cdot \cos\theta}$$

$$\tag{4-3}$$

式中　K_s——边坡安全系数；

　　　C_i——第 i 条块上黏聚力；

　　　φ_i——第 i 条块上的内摩擦角；

　　　l_i——第 i 条块上滑动面长度；

　　　θ_i——第 i 条块上底面倾角；

　　　α_i——地下水位倾角；

　　　G_i——第 i 条块上单位宽度的自重；

　　　G_{bi}——第 i 条块上滑坡体表面结构物的单位宽度的自重；

　　　T_i——第 i 条块滑面切线上的反力；

　　　E_s——上覆力；

　　　θ——边坡倾角；

　　　C_z——综合影响系数；

　　　K_h——水平地震系数；

　　　G_s——滑体重力；

　　　R_i——第 i 条块滑移面上的抗滑力。

4.3 砂质边坡有限元模型及物理参数

准朔铁路通过陕西省府谷县北部边缘,地处蒙、晋、陕毗邻接壤之地,沿线多为风沙土或砂质土,水位一般在 2.0m 以上,水位随季节的变化而变化。基于此,以准朔铁路 CKl62＋075～163＋390 段进行研究,由于该段位于铁路的尾端,集中了不同深度的开挖路堑,从而存在不同坡角和高度的路堑边坡,因此,选其典型的路堑断面为研究对象,如图 4-1 所示,坡长为 17m,设计高度约为 12m,坡度 35°,为砂质土。

(a) 铁路沿线边坡分布　　　　　　　　　(b) 边坡砂质土体

图 4-1　边坡工程现场图

边坡越是简单越能消除其他因素对分析结果的干扰,减少误差。边坡的高度为 12m,边坡坡度为 35°,建立边坡的有限元模型如图 4-2 所示,为保证计算的精度,本书模型划分的网格最大尺寸小于地震波最短波长的 1/10～1/8。边坡所在地区基本烈度为 7 度,设计基本加速度为 0.1g。模型采用摩尔-库伦本构模型。左侧和右侧边界采用水平位移约束,底部边界采用竖向位移约束,其他边界为自由边界。为了分析地下水位变化对边坡不同位置的位移、应力、应变和孔隙水压力的影响规律,定义边坡模型底部为零水位线,边坡水位线最高位置为地下水位高度,如图 4-2 所示。此外,分别对边坡不同位置设置了监测面,如图 4-3 所示。

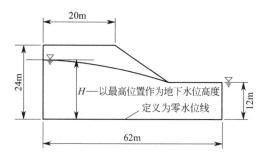
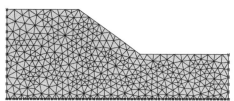

图 4-2　边坡的有限元模型

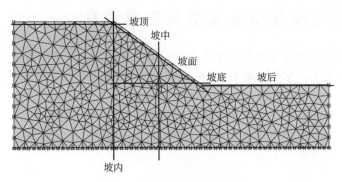

图 4-3　边坡的监测面位置图

　　对研究边坡的砂质土进行筛分试验（图 4-4），以便了解砂质土的粒度成分。筛分法是利用一套孔径不同的标准筛来分离一定量的砂质土中与筛孔径相应的粒组，而后称量，计算各粒组的相对含量，确定土的粒度成分，其中标准筛直径分别为 5mm、2mm、0.5mm、0.25mm 和 0.075mm。

图 4-4　砂质土的筛分试验

　　各筛盘上土粒的质量之和与筛前所称试样的质量之差不得大于 1%，否则应重新试验。若两者差值小于 1%，应分析试验过程中误差产生的原因，最终各粒组百分含量之和应等于 100%。采用筛分试验法对砂土颗粒进行级配分析，测出边坡所用砂质土的颗粒分布曲线如图 4-5 所示。

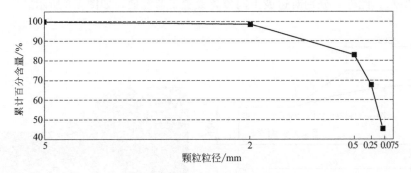

图 4-5　砂质土的颗粒分布曲线

　　土的含水量 w 为土中所含水的质量 m_w 与土粒质量 m_s 的比值，如式（4-4）所示。

$$w = \frac{m_w}{m_s} \times 100\% \qquad (4\text{-}4)$$

本实验采用烘干法完成，实验所需设备见图 4-6。烘干法为室内实验的标准方法。烘干法是将一定数量土样称重后放入烘箱中在 100~105℃恒温烘至恒重。烘干后土的质量即为砂土质量 m_s，土样所失去质量为水质量 m_w。

(a) 烘箱正面

(b) 烘箱整体图

(c) 电子秤

图 4-6　烘箱和电子秤

(a) 干燥土体称重

(b) 土体注水

(c) 制成饱和土

图 4-7　饱和土的制作

由图 4-7 可知，通过在土体中加入水直到土体表面有水析出，并静止一段时间使得土体充分饱和。将烘干后的试样取出，放入干燥器内冷却，称出盒子和干土质量，精确至 0.1g，冷却时间不要过长。饱和土的制作过程如图 4-7 所示。进行两次平行测定，取两次结果的算术平均值作为土的含水量，精确至 0.1%。选取两组同等质量的土样进行含水量的测定，并取平均值作为砂土的饱和含水量，两组土样的饱和含水量分别为 29.72% 和 31.17%，如表 4-1 所示。

表 4-1　砂质土含水量的测定

土样盒号	土样盒质量①/g	盒+湿土质量②/g	盒+干土质量③/g	水的质量④/g	干土的质量⑤/g	含水量/%
1	196.50	1390.16	1123.83	266.33	927.33	28.72
2	196.50	1137.28	913.72	223.56	717.22	31.17
平均值	196.50	1263.72	1018.78	244.95	822.28	29.95

注：④=②-③。⑤=③-①。

直接剪切实验是测定土的抗剪强度的一种常用方法，本次试验采用四个试样，分别在不同的垂直压力下施加水平剪切力进行剪切，测出破坏时剪应力，然后根据摩尔-库仑定律确定土的抗剪强度指标：内摩擦角 φ 和黏聚力 c。

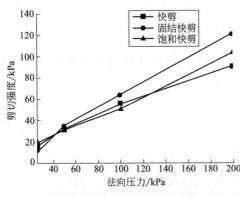

图 4-8　边坡抗剪强度曲线

在试样面上施加第一级垂直压力 $P=25\mathrm{kPa}$。拔去固定销，以 $8\mathrm{r/s}$ 的均匀速率转动手轮，使试样在 $3\sim 5\mathrm{min}$ 内剪坏。当百分表读数不变或明显后退，以剪切位移为 $4\mathrm{mm}$ 对应的剪应力为抗剪强度，至剪切位移达 $6\mathrm{mm}$ 时才停止剪切。改变垂直压力，分别以垂直压力为 $25\mathrm{kPa}$、$50\mathrm{kPa}$、$100\mathrm{kPa}$、$200\mathrm{kPa}$ 进行试验，测得的边坡抗剪强度曲线如图 4-8 所示，边坡材料的物理参数如表 4-2 所示。

表 4-2　边坡材料的物理参数

岩层	泊松比	弹性模量/MPa	天然重度/(kN/m³)	饱和重度/(kN/m³)	黏聚力/kPa	内摩擦角/(°)	饱和含水率/%	渗透系数/(cm/s)
砂土	0.3	30.4	17.5	20.4	11.42	35.23	29.95	5×10^{-5}

4.4　边坡稳定性影响因素的敏感性分析

对边坡而言，不同参数对其稳定性的影响显著性不同，有必要确定各参数对边坡稳定性影响的敏感性大小。在实际问题中考虑 1 个因素或 2 个以上因素对计算结果的显著性分析可以选用一元或二元方差分析，而本书边坡的稳定性需考虑多个因素对其稳定性的影响，可采用正交试验的方法进行分析。

4.4.1　正交试验方法的原理

正交试验设计是指从全部试验中挑选出代表性强的少数试验方案，用较少的试验次数，对结果进行分析，找出最优的方案。设 A、B、C、…，为不同的因素，i（$i=1$，2，…）为各因素的水平数，P_{ij} 表示表示第 j 个因素的第 i 水平的值。在 P_{ij} 下进行试验，得到第 j 个因素在第 i 水平的试验结果为 Q_{ij}，在 P_{ij} 下做 n 次试验，得到 n 个试验结果，分别记为 Q_{ijk}，则：

$$K_{ij}=\sum_{k=1}^{n}Q_{ijk} \tag{4-5}$$

式中　K_{ij}——因素 A_j 第 i 水平的统计参数；

n——因素 A_j 在 i 水平下的试验次数；

Q_{ij}——因素 A_j 在第 i 水平下第 k_{ij} 个试验结果指标值。

K_j 为在不同 i 水平下最大值的组合，即为最优方案。

评价因素显著性的参数为极差 R_j，见式(4-6)

$$R_j=\max(K_{1j},K_{2j},K_{3j},\cdots,K_{ij})-\min(K_{1j},K_{2j},K_{3j},\cdots,K_{ij}) \tag{4-6}$$

极差大小的顺序即为因素的水平对试验结果影响大小的顺序。

4.4.2 试验设计方案

为了明确各个参数（黏聚力、内摩擦角、地下水位高度、坡角、峰值加速度）对边坡稳定性影响的大小和规律，分别对边坡各参数进行变化，以表4-2所列的边坡参数为基础，分别变化不同参数，研究不同参数对边坡稳定性的影响规律，具体计算方案设计见表4-3。

表4-3 各因素取值和水平表

计算方案	坡角(A)/(°)	黏聚力(B)/kPa	摩擦角(C)/(°)	地下水位高度 $H_w(D)$/m	设计峰值加速度 (E)/(m/s²)
1	25	5	10	2	1
2	35	10	20	4	2
3	45	15	30	6	3
4	55	20	40	8	4

为了明确各参数对边坡稳定性的影响规律，采用正交试验进行数值分析，研究坡角（A）、黏聚力（B）、摩擦角（C）、地下水位高度（D）、设计峰值加速度（E）因素对边坡的稳定性的影响规律，即以边坡安全系数为指标进行多因素单指标计算分析。不考虑各因素的交互作用，即假定它们之间相互没有影响。本次试验采用五因素四水平正交分析，即每个影响因素有四个可选取的值进行研究，并至少要进行16次正交试验，即为 $L16(4_5)$ 正交试验表（见表4-4）。

表4-4 正交试验设计方案

正交方案	坡角(A)/(°)	黏聚力(B)/kPa	摩擦角(C)/(°)	地下水位高度 $H_w(D)$/m	设计峰值加速度(E)/(m/s²)
1	1	1	1	1	1
2	1	2	2	2	2
3	1	3	3	3	3
4	1	4	4	4	4
5	2	1	2	3	4
6	2	2	1	4	3
7	2	3	4	1	2
8	2	4	3	2	1
9	3	1	3	4	2
10	3	2	4	3	1
11	3	3	1	2	4
12	3	4	2	1	3
13	4	1	4	2	3
14	4	2	3	1	4
15	4	3	2	4	1
16	4	4	1	3	2

4.4.3 基于正交试验的数值分析

通过数值分析求出各因素［坡角（A）、黏聚力（B）、摩擦角（C）、地下水位高度

（D）、设计峰值加速度（E）〕不同组合下的边坡的安全系数，如表 4-3 所示。

由于有限元软件 Plaxis 是基于强度折减法进行边坡的安全系数求解，所以在边坡发生破坏即安全系数小于 1 时无法进行计算，因此，正交分析采用 Geostudio 软件中的极限平衡法进行计算，如表 4-5 所示。

表 4-5　正交试验的数值分析

正交方案	坡角(A) /(°)	黏聚力(B) /kPa	摩擦角(C) /(°)	地下水位高度 H (D) /m	设计峰值加速度 (E) / (m/s²)	安全系数 (F_s)	边坡最不利滑移面
1	25	5	10	2	1	0.511	
2	25	10	20	4	2	0.809	
3	25	15	30	6	3	1.002	
4	25	20	40	8	4	1.169	
5	35	5	20	6	4	0.430	
6	35	10	10	8	3	0.396	
7	35	15	40	2	2	1.580	
8	35	20	30	4	1	1.540	
9	45	5	30	8	2	0.641	

正交方案	坡角(A)/(°)	黏聚力(B)/kPa	摩擦角(C)/(°)	地下水位高度H(D)/m	设计峰值加速度(E)/(m/s²)	安全系数(Fs)	边坡最不利滑移面
10	45	10	40	6	1	1.266	
11	45	15	10	4	4	0.429	
12	45	20	20	2	3	0.823	
13	55	5	40	4	3	0.660	
14	55	10	30	2	4	0.600	
15	55	15	20	8	1	0.802	

通过表 4-6 分别计算四个水平指标的平均值 $\overline{K}_i$ 如下。

（1）因素 A（坡角）的水平指标

$K_{1A}=0.511+0.809+1.002+1.169=3.491$ $\overline{K}_{1A}=3.491/4=0.873$

$K_{2A}=0.430+0.396+1.580+1.540=3.946$ $\overline{K}_{2A}=3.946/4=0.987$

$K_{3A}=0.641+1.266+0.429+0.823=3.159$ $\overline{K}_{3A}=3.159/4=0.790$

$K_{4A}=0.660+0.600+0.802+0.629=2.691$ $\overline{K}_{4A}=2.691/4=0.673$

（2）因素 B（黏聚力）的水平指标

$K_{1B}=0.511+0.430+0.641+0.660=2.242$ $\overline{K}_{1B}=2.242/4=0.561$

$K_{2B}=0.809+0.396+1.266+0.600=3.071$ $\overline{K}_{2B}=3.071/4=0.768$

$K_{3B}=1.002+1.580+0.429+0.802=3.813$ $\overline{K}_{3B}=3.813/4=0.953$

$K_{4B}=1.169+1.540+0.823+0.629=4.161$ $\overline{K}_{4B}=4.161/4=1.040$

（3）因素 C（摩擦角）的水平指标

$K_{1C}=0.511+0.396+0.429+0.629=1.929$ $\overline{K}_{1C}=1.929/4=0.482$

$K_{2C}=0.809+0.430+0.823+0.802=2.864$ $\overline{K}_{2C}=2.864/4=0.716$

$K_{3C}=1.002+1.540+0.641+0.600=3.783$ $\overline{K}_{3C}=3.783/4=0.946$

$K_{4C}=1.169+1.580+1.266+0.660=4.675$ $\overline{K}_{4C}=4.675/4=1.169$

（4）因素 D（地下水位高度）的水平指标

$K_{1D}=0.511+1.580+0.823+0.600=3.514$ $\overline{K}_{1D}=3.514/4=0.879$

$$K_{2D}=0.809+1.540+0.429+0.660=3.438 \quad \overline{K}_{2D}=3.438/4=0.860$$

$$K_{3D}=1.002+0.430+1.266+0.629=3.327 \quad \overline{K}_{3D}=3.327/4=0.832$$

$$K_{4D}=1.169+0.396+0.641+0.802=3.008 \quad \overline{K}_{4D}=3.008/4=0.752$$

（5）因素 E（设计峰值加速度）的水平指标

$$K_{1E}=0.511+1.540+1.266+0.802=4.119 \quad \overline{K}_{1E}=4.119/4=1.030$$

$$K_{2E}=0.809+1.58+0.641+0.629=3.659 \quad \overline{K}_{2E}=3.659/4=0.915$$

$$K_{3E}=1.002+0.396+0.823+0.660=2.881 \quad \overline{K}_{3E}=2.881/4=0.720$$

$$K_{4E}=1.169+0.430+0.429+0.600=2.628 \quad \overline{K}_{4E}=2.628/4=0.657$$

通过对不同因素的水平指标进行计算可得，因素 A 的四个水平指标中 K_{1A} 的最小值为 K_{4A}；因素 B 的四个水平指标中 K_{1B} 的最小值为 K_{1B}；因素 C 的四个水平指标中 K_{1C} 的最小值为 K_{1C}；因素 D 的四个水平指标中 K_{1D} 的最小值为 K_{4D}；因素 E 的四个水平指标中 K_{1E} 的最小值为 K_{4E}。因此可得最不利组合为 $K_{4A}K_{1B}K_{1C}K_{4D}K_{4E}$。

为了明确各个因素对边坡安全系数的影响程度，要计算各个因子对试验指标的影响大小、主次排序。因此通过极差 R 来分析不同影响因素对边坡安全系数的影响程度，其计算方法如式(4-7) 所示。

$$R=\overline{K}_{i\max}-\overline{K}_{i\min} \tag{4-7}$$

因此分别计算不同影响因素的极差如下所示

$$R_A=\overline{K}_{2A}-\overline{K}_{4A}=0.3145$$

$$R_B=\overline{K}_{4B}-\overline{K}_{1B}=0.298$$

$$R_C=\overline{K}_{4C}-\overline{K}_{1C}=0.687$$

$$R_D=\overline{K}_{1D}-\overline{K}_{4D}=0.127$$

$$R_E=\overline{K}_{1E}-\overline{K}_{4E}=0.373$$

通过数值分析求出各因素不同组合下的边坡的安全系数，并对其进行极差分析，如图 4-9 所示。

图 4-9(a) 中横坐标为各因素水平分类，水平值按所列水平的顺序排列，纵坐标反映安全系数 F_s 的统计参数值，对各因素趋势分析发现，边坡的安全系数随着黏聚力、内摩擦角的增大均表现出增大的趋势，其中黏聚力和内摩擦角对安全系数的影响幅度最大。而随着边坡坡角、地下水位高度和设计峰值加速度的增加，边坡的安全系数减小，且地下水位由水平 1 增加到水平 4 时，安全系数降低了 15%，说明地下水位的影响不可忽略。由图 4-9(b) 可知，边坡稳定安全系数计算值最大时的组合方案为 $A_2B_3C_4D_1E_2$，即在此水平下计算的边坡的安全系数最大，此时边坡最稳定。边坡稳定安全系数计算值最小时的方案为 $A_2B_3C_1D_4E_3$，即在此方案下边坡的稳定性最差。

图 4-9(b) 可知，极差从大到小的顺序依次为 R_C、R_E、R_A、R_B、R_D，可

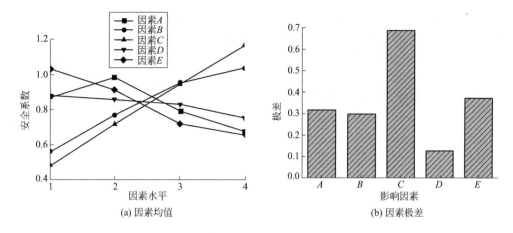

图 4-9　边坡稳定性影响因素均值和极差图

知在考虑的边坡各参数中内摩擦角对边坡稳定性的影响最大，其次为设计峰值加速度、坡角、黏聚力、地下水位高度。尽管相对其他四个因素，地下水对边坡安全系数影响较小，但是其他四个因素，都是边坡稳定性影响的敏感因素，且在进行计算时并没用考虑地震作用下的动孔隙水压力的影响，且从图 4-9(a) 也可以看出，地下水位的变化对边坡安全系数的影响比较大，因此地下水的影响不容忽略。

4.5　不同地下水位对边坡安全系数的影响分析

4.5.1　强度折减法原理

强度折减法中边坡安全系数 F_s 的定义为：将岩土体的抗剪强度指标 C 和 ϕ 分别进行折减，然后用得到的折减后的 C_F 和 ϕ_F 取代之前的抗剪强度指标。采用相同的方法对抗剪强度指标进行不断的折减，直至边坡开始发生破坏，此时对应的折减系数为边坡的安全系数，如式(4-8)和式(4-9)所示。

$$C_F = C/F_s \tag{4-8}$$

$$\phi_F = \tan^{-1}\left[(\tan\phi)/F_s\right] \tag{4-9}$$

式中　C_F——被折减后的黏聚力；
　　　ϕ_F——被折减后的内摩擦角。

4.5.2　不同地下水位对边坡稳定性影响的分析

当地下水位升到一定高度后，孔隙水压力来不及消散，将会产生超孔隙水压力，而超孔隙水压力是影响边坡稳定性的主要因素，而选择模型的力学行为时，排水的力学行为适于模拟土的长期力学行为，此时土体将不产生超孔隙水压力；而不排水的力学行为则适于模拟水位骤升到一定高度，孔隙水压力来不及消散的情况，此时，边坡内的超孔隙水压力将得到充分的发展。本书主要分析不同地下水位对边坡稳定性的影响，不考虑超孔隙水压力的影响，因此将采用排水的力学行为分析边坡的稳定性，以反映不同地下水位对边坡稳定性的影响。

这里采用拟静力法考虑地震的影响，设计加速度值为 0.1g。研究了地下水位为 0m、12m、14m、16m、18m、20m、22m 和 24m 时边坡的安全系数。其中，通过预设某个超孔隙水压力值（程序默认该值为 1kPa）的方式，当程序计算的超孔隙水压力均低于该值时，表明土体内的超孔隙水压力得到了充分消散，即为不考虑超孔隙水压力时的影响。

定义地下水位变化对边坡稳定性的影响系数 ξ，如式（4-10）所示。

$$\xi = \frac{|\text{不同水位下边坡安全系数} - 0m\text{ 水深时边坡安全系数}|}{0m\text{ 水深时边坡安全系数}} \quad (4\text{-}10)$$

对最高水位条件下的边坡稳定性进行计算，发现该计算过程处于不收敛状态，表明该条件下边坡处于不稳定状态，无法用强度折减法计算边坡的安全系数，因此采用极限平衡法进行计算，如表 4-6 所示。

表 4-6　水位变化对边坡安全系数的影响

因素	水位高度/m							
	0	12	14	16	18	20	22	24
安全系数	1.438	1.424	1.422	1.383	1.319	1.206	1.0467	0.995
影响系数 ξ/%	0	0.98	1.11	3.82	8.28	16.13	27.21	30.81

由表 4-7 可知，随着地下水位的升高，边坡的安全系数呈现减小的趋势。当地下水位较低时，地下水的升高对边坡安全系数的影响不大，主要是因为地下水位较低的时候，边坡内部的地下水位还未达到边坡的滑移面处，因此尽管存在地下水，但对边坡的安全系数并没有影响。当地下水位的逐渐升高接近滑移面时，边坡的安全系数表现出逐步下降的趋势。随着地下水位的继续升高，边坡的安全系数逐渐减小，直到水位达到 20m 时地下水位变化对边坡的影响系数明显增大，当水位 22m 时边坡发生破坏。由此可知，在水位达到某一临界水位时，边坡的安全系数会出现急剧下降。考虑无水和有水两种情况下的稳定性分析得到，地下水作用明显地降低了土坡的安全系数，使原本安全的土坡明显不满足规范的安全要求。说明当地下水位变化达到某一高度后地下水位的上升对边坡稳定性的影响将显著增强，如果不加强防护，最终会引发边坡的滑坡破坏，因此在实际工程中，应重视地下水对工程稳定性的削弱作用，在计算中考虑这一点。

采用强度折减法计算边坡的安全系数，为了研究地下水位升高对边坡破坏模式的影响规律，分别提取了不同水位降低边坡强度时，边坡发生滑动时的剪应变和总位移云图，如图 4-10 所示。

由图 4-10 可知，随着水位的升高，边坡发生剪切破坏时的最大剪应变随着水位的升高逐渐增加，直到水位达到 14m 时，边坡发生滑动时的最大剪应变达到76％，且最大剪应变出现在坡脚位置。由边坡发生破坏时的云图可以看出，随着地下水位的上升，当边坡坡趾部位开始产生坡面渗流时，边坡剪应变开始变化，引发后续渐进式破坏，边坡安全系数急剧下降，直至整体边坡崩塌。此外，当地下水位较高时，坡脚处应力集中明显，最大剪应变多分布在坡脚附近，边坡坡面屈服区域接近贯通至坡脚，最危险滑动面沿着边坡塑性区发生滑移。此外，随着地下水位上升，最大剪应变分布区域和塑性区域向边坡深处扩展。

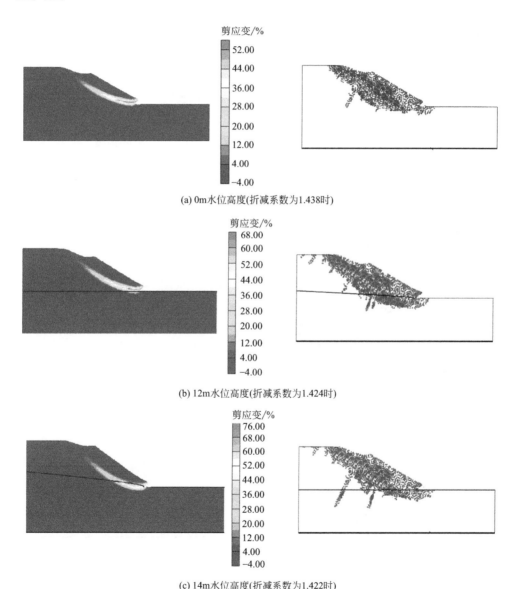

(a) 0m水位高度(折减系数为1.438时)

(b) 12m水位高度(折减系数为1.424时)

(c) 14m水位高度(折减系数为1.422时)

图 4-10

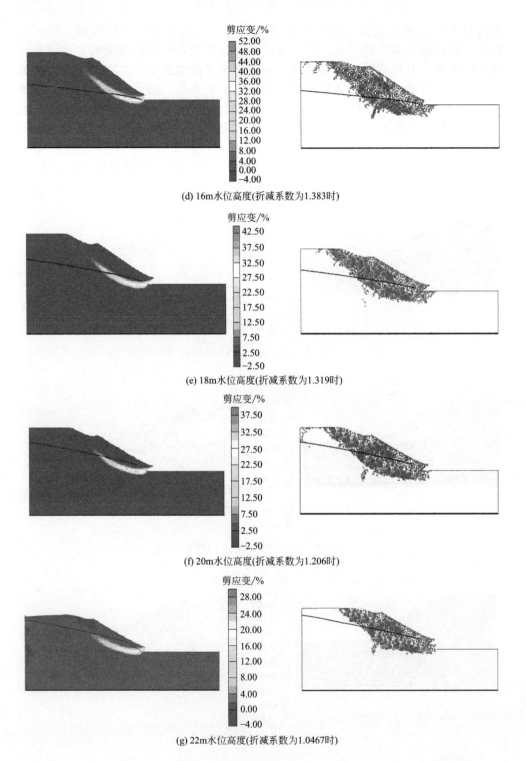

(d) 16m水位高度(折减系数为1.383时)

(e) 18m水位高度(折减系数为1.319时)

(f) 20m水位高度(折减系数为1.206时)

(g) 22m水位高度(折减系数为1.0467时)

图 4-10　不同水位下边坡发生滑动时的剪应变和总位移云图（扫描前言二维码查看彩图）

4.6　不同地下水位对边坡位移的影响分析

　　由于边坡的破坏主要受水平地震力的影响，因此提取了在地震作用下不同水位下边坡的水平位移云图，如图 4-11 所示。

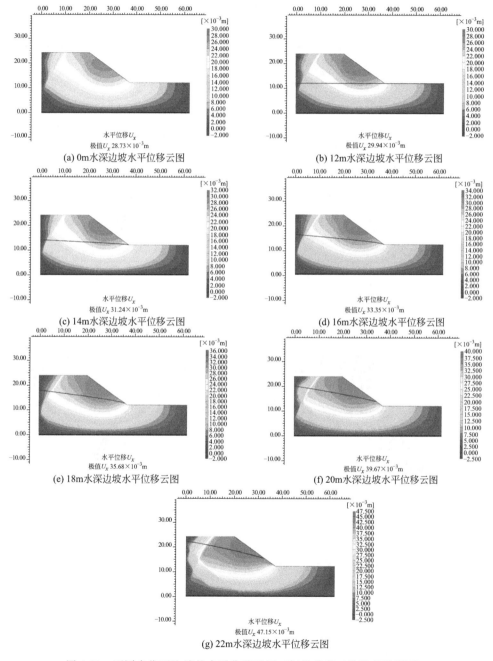

(a) 0m水深边坡水平位移云图

(b) 12m水深边坡水平位移云图

(c) 14m水深边坡水平位移云图

(d) 16m水深边坡水平位移云图

(e) 18m水深边坡水平位移云图

(f) 20m水深边坡水平位移云图

(g) 22m水深边坡水平位移云图

图 4-11　不同水位下边坡的水平位移云图（扫描前言二维码查看彩图）

由图 4-11 可以看出，无水时边坡最大变形位于边坡坡面中上部（边坡的最大水平位移主要出现在坡面处，且最大水平位移可达到 2.73cm），随着水位的升高，边坡的水平位移表现出增加的趋势，当水位达到 22m 时，边坡的最大水平位移达到了 4.71cm，比无水时的最大水平位移增加了 58.3%，由此可知，地下水对边坡变形的影响显著，地下水位的升高应引起注意。从边坡的最大位移出现位置可以看出，随着地下水位的升高，边坡的最大水平位移开始出现在边坡中上部，且表现出逐步向边坡内部和底部扩展的趋势，说明随着水位的升高，滑动区几乎整个在渗流面之下。在地下水渗透力作用下，坡趾部位的土体有效应力下降，使得坡趾位置的位移开始增大，直至边坡发生滑坡破坏。

试验分别提取了边坡在不同地下水位下不同位置的水平位移和竖向位移，如图 4-12～图 4-17 所示。

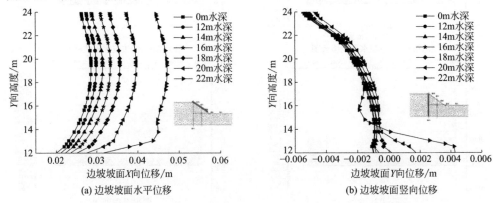

(a) 边坡坡面水平位移   (b) 边坡坡面竖向位移

图 4-12　不同水位下边坡坡面位移变化规律（扫描前言二维码查看彩图）

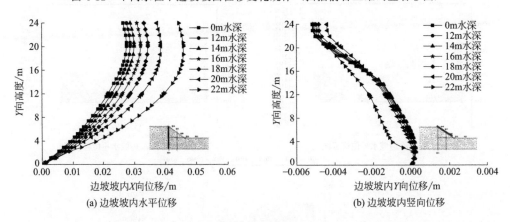

(a) 边坡坡内水平位移   (b) 边坡坡内竖向位移

图 4-13　不同水位下边坡坡内位移变化规律（扫描前言二维码查看彩图）

由图 4-12～图 4-17 可知，随着地下水位的升高，沿着边坡高度方向坡面的水平位移表现出先增加后减小的趋势，竖向位移表现出增加趋势，且在边坡顶部达到最大值。而水平位移在边坡某一高度处出现最大值，且随着水位的升高，边坡的最大位移出现位置相比无水时边坡的最大位移出现位置偏低，说明地下水的升高使得边坡的变形最大值由边坡的最高处开始向坡趾处转移，因此在地下水位较高时坡趾

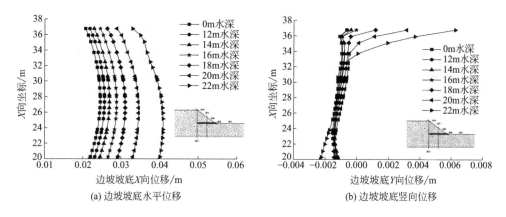

图 4-14　不同水位下边坡坡底的位移变化规律（扫描前言二维码查看彩图）

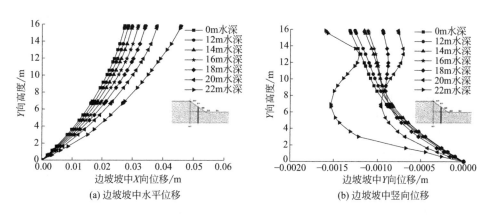

图 4-15　不同水位下边坡坡中的位移变化规律（扫描前言二维码查看彩图）

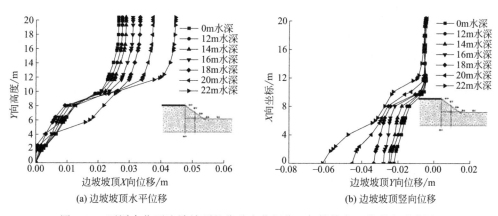

图 4-16　不同水位下边坡坡顶的位移变化规律（扫描前言二维码查看彩图）

是薄弱位置。且当地下水位达到 20m 时，沿边坡坡面的最大水平位移增加幅度明显提高，说明当地下水为升高一定高度时，边坡的最大水平位移会出现一个突

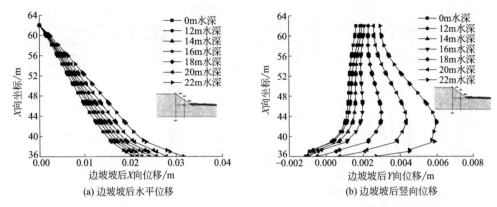

图 4-17　不同水位下边坡坡后的位移变化规律（扫描前言二维码查看彩图）

变，此时随着水位的继续增加，边坡将将会出现滑坡。从边坡坡内沿高度方向的水平位移和竖向位移可以看出，随着水位的升高，边坡最大水平位移在地面以上（＞12m），即边坡坡面临空位置时位移较大。竖向位移同样表现出增加的趋势，在边坡顶部达到最大值。从边坡坡底的水平位移可以看出，随着 X 方向坐标的增加，水平位移同样表现出先增加后减小的趋势，在 X 坐标增加到某一位置时出现一个突变，说明此位置接近边坡滑移面位置，且随着水位的升高，位移最大值出现位置偏向边坡内部，说明地下水的影响使得边坡滑动面的向边坡内部延伸，其滑动规模增大，可从边坡的位移云图得到进一步的验证，此可作为边坡滑坡预测的一个重要指标。而竖向位移由坡内向坡外增加趋势不明显，且在边坡坡面位置增加到最大值，增加幅度更为明显。从边坡坡顶的水平位移和竖向位移可以看出，随着 X 坐标增大，水平位移呈现增加的趋势，在坡面处达到最大值；而竖向位移表现出减小的趋势，此可由边坡的浸润线位置得到解释。由于靠近边坡内部地下水位较高，其孔隙水压力大，使得边坡有效应力降低，从而产生了较大的沉降。由边坡坡后的水平位移和竖向位移可以看出，靠近坡趾位置的水平位移最大，随着 X 轴坐标增大，水平位移呈现减小的趋势。而竖向位移在无水时随着 X 轴坐标的增加表现出增加的趋势，当存在地下水时，其竖向位移在边坡坡趾前方某一位置出现最大值，尤其是随着水位的增加，其突变更为明显。之后，随着 X 轴坐标的增大，出现减小的趋势。因此，在坡趾前修建铁路时，尤其是在地下水位较高时，应该引起注意，防止路基沉降过大对高速铁路运营带来灾难性的事故。

4.7　不同地下水位对边坡应力应变的影响分析

随着水位的变化，边坡的水平有效应力的变化对边坡的水平变形具有重要影响，因此本试验提取了边坡不同水位下的有效剪应力云图，如图 4-18 所示。

由图 4-18 可知，随着地下水位的升高，边坡内的孔隙水压力增大，使得水平有效应力呈现减小趋势，土内产生压缩变形，水位达到 22m 时，其最大水平有效应力为123.54kPa，比无水时水平有效应力（171.78kPa）减小了39.0%。由此可知，地下水位升高对边坡有效应力影响显著。且从图4-18不同水位下的边坡水平有效应力云图可以看出，随着水位的升高，边坡坡趾处的最大有效应力区域逐渐扩展，导致边坡产生较大的压缩变形，对边坡稳定性极为不利。此外，随着水位的增加，边坡在渗流发生过程中，由渗流产生的渗透力对边坡的稳定性影响较大，在渗透力作用下边坡土体内的抗滑力减小，使得边坡的稳定性降低。

土的抗剪强度并不简单取决于剪切面上的总法向应力，而取决于该面上的有效法向应力。基于此，本书提取了不同水位下边坡不同位置的有效法向正应力，如图4-19所示。

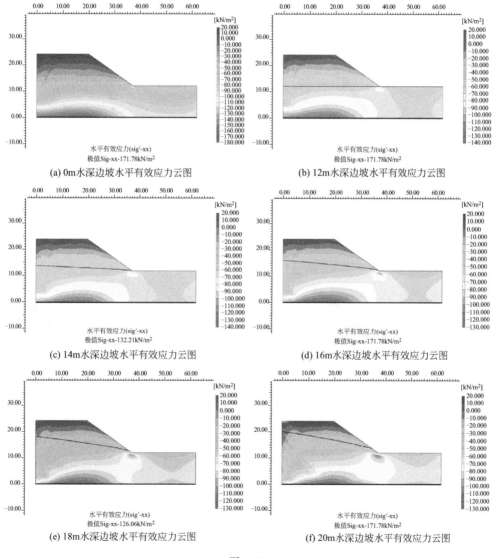

图 4-18

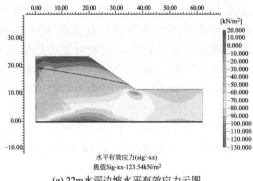

(g) 22m水深边坡水平有效应力云图

图 4-18　不同水位下边坡的有效剪应力云图（扫描前言二维码查看彩图）

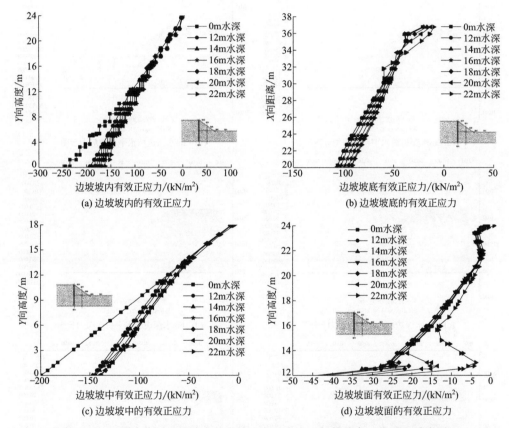

(a) 边坡坡内的有效正应力

(b) 边坡坡底的有效正应力

(c) 边坡坡中的有效正应力

(d) 边坡坡面的有效正应力

图 4-19　不同水位下边坡坡中的有效法向正应力（扫描前言二维码查看彩图）

　　由图 4-19 可知，不同水位下边坡坡内和坡中的有效正应力随着 Y 向距离的增加，表现出减小的趋势，且随着水位的增高表现出减小的趋势，水位达到 22m 时，坡内的有效正应力比无水时的有效正应力最大减小了 78.6%，坡中的有效正应力比无水时的有效正应力最大减小了 33.3%。边坡坡底的有效正应力随着 X 向距离的增加逐渐减小，直到坡面位置达到最小值。沿着 Y 向距离的增加，边坡坡面出的有效正应力表现出减小→增大→减小的趋势，在边坡坡趾处产生最大值，说明坡趾在地下水位的影响下为边坡最容易破坏的位置，在进行工程防护时应予以注意。

4.8 本章小结

本章首先对影响边坡稳定性的主要控制因素进行了正交分析，明确了边坡黏聚力、内摩擦角、坡角、地震峰值加速度和地下水位高度对边坡安全系数影响的敏感性。然后基于边坡的有限元模型研究了不同地下水位对边坡稳定性的影响规律，明确了不同地下水位对边坡安全系数、应力、应变和位移的影响规律，为边坡的加固设计提供了指导。最后研究了地下水位上升对边坡破坏模式的影响机理，明确了边坡滑动破坏时的最危险滑动面的分布规律。得到的主要结论如下。

① 基于正交试验方法进行了影响边坡稳定性的主要因素（黏聚力、内摩擦角、坡角、地震峰值加速度和地下水位高度）的敏感性分析，其中内摩擦角对边坡稳定性影响最大。通过影响因素的显著性分析得出，未考虑动孔隙水压力影响时，地下水位的变化使边坡安全系数降低了 15%，说明地下水位对边坡稳定性影响显著，因此地下水的影响不容忽略。

② 随着地下水位的升高，边坡的安全系数呈现减小的趋势。当地下水位较低时，地下水的升高对边坡安全系数的影响不大，直到水位达到 5/6 坡高时，边坡的安全系数会出现急剧下降。说明当地下水位变化达到某一高度后地下水位的上升将对边坡稳定性的影响显著增强，如果不加强防护，最终会引发边坡的滑坡破坏，因此在实际工程中，应重视地下水对工程稳定性的削弱作用。

③ 采用强度折减法研究了地下水位升高对边坡破坏模式的影响规律，得出结论：随着水位的升高，边坡发生剪切破坏时的最大剪应变随着水位的升高逐渐增加，且最大剪应变出现在坡脚位置。当地下水位较高时，最大剪应变多分布在坡脚附近，边坡坡面屈服区域接近贯通至坡脚，使得最危险滑动面沿着边坡塑性区发生滑移。此外，随着地下水位上升，最大剪应变分布区域和塑性区域向边坡深处扩展。

④ 无水时边坡最大变形位于边坡坡面中上部，随着水位的升高，边坡的水平位移表现出增加的趋势，当水位达到坡高 11/12 时，边坡的最大水平位移比无水时的最大水平位移增加了 58.3%；随着地下水位的升高，边坡的最大水平位移开始出现在边坡中上部，且表现出逐步向边坡内部和底部扩展的趋势。当地下水为升高一定高度时，边坡的最大水平位移会出现一个突变，此时随着水位的继续增加，边坡将会出现滑坡。由此可知，当地下水位增加到一定的高度时，在地下水渗透力作用下，坡趾部位的土体有效应力下降使得坡趾位置的位移开始增大，地下水对边坡变形的影响显著，因此，地下水位的升高应引起注意。

⑤ 随着地下水位的升高，边坡内的孔隙水压力增大使得最大水平有效应力呈现减小趋势，土体内产生压缩变形，水位达到坡高 11/12 时，其最大水平有效应力比无水时最大水平有效应力减小了 39.0%，由此可知，地下水位升高对边坡有效应力影响显著；随着水位的升高，边坡坡趾处的最大水平有效应力区域逐渐扩展，导致边坡产生较大的压缩变形，对边坡稳定性极为不利。此外，随着水位的增加边坡在渗流发生过程中，由于渗透力的影响增加了边坡的下滑力，降低了边坡的稳定性。

第 5 章

不同地下水位下边坡的地震动孔隙水压力分析

5.1 概述

本章选取研究对象为 4.3 节中的砂质边坡模型。采用 Plaxis 进行边坡的动力响应分析，研究地震作用下边坡在不同地下水位下的动孔隙水压力发展规律。由于对一般的岩土工程问题，渗透系数最大不超过 1cm/s，在数学上均可认为是低频问题，可以用单相介质来代替，同时，动孔隙水压力可以通过单相体的体积应变来近似求取，即渗透系数不大时，孔隙水可认为不会自由流动，那么动孔压就是由于土骨架的体积压缩产生的水压升高。因此，可以运用 Plaxis 考虑动孔隙水压力对边坡的影响规律。

基于此，本书基于大型有限元仿真软件 Plaxis 进行了不同地下水位下的边坡地震动孔隙水压力的研究，明确地震动孔隙水压力对边坡应力、应变和变形的影响规律。

5.2 动孔隙水压力的计算原理

在 Plaxis 中，进行有效应力分析时，可指定材料为不排水行为。根据 Terzaghi 原理，总应力包括有效应力和孔隙水压力。假设水不承受剪应力，此时有效剪应力等于总剪应力，如式(5-1)~式(5-6) 所示

$$\sigma_{xx} = \sigma'_{xx} + \sigma_w \tag{5-1}$$

$$\sigma_{yy} = \sigma'_{yy} + \sigma_w \tag{5-2}$$

$$\sigma_{zz} = \sigma'_{zz} + \sigma_w \tag{5-3}$$

$$\sigma_{xy} = \sigma'_{xy} \tag{5-4}$$

$$\sigma_{yz} = \sigma'_{yz} \tag{5-5}$$

$$\sigma_{zx} = \sigma'_{zx} \tag{5-6}$$

式中　σ_{xx}——x 向总应力；

σ'_{xx}——x 向有效应力；

σ_{yy}——y 向总应力；

σ'_{yy}——y 向有效应力；

σ_{zz}——z 向总应力；

σ'_{xy}——z 向有效应力；

σ_{xy}——z 向总剪应力；

σ'_{zz}——z 向有效应力；

σ_{yz}——x 向总剪应力；

σ'_{yz}——x 向有效应力；

σ_{zx}——y 向总剪应力；

σ'_{zx}——x 向有效应力；

σ_{w}——孔隙水压力。

此外，可将孔隙水压力分为稳态孔隙水压力 P_{steady} 和超静孔隙水压力 P_{excess}，如式(5-7) 所示

$$\sigma_{w} = P_{\text{excess}} + P_{\text{steady}} \tag{5-7}$$

其中，稳态孔隙水压力被认为是由地下水的渗流产生的，将其作为输入数据，而超静孔隙水压力的值是通过对不排水材料行为的塑性计算得出来的。

对式(5-7) 进行求导可得式(5-8)

$$\dot{\sigma}_{w} = \dot{P}_{\text{excess}} \tag{5-8}$$

由胡克定律可以求逆得式(5-9)

$$
\begin{bmatrix} \dot{\varepsilon}^{e}_{xx} \\ \dot{\varepsilon}^{e}_{yy} \\ \dot{\varepsilon}^{e}_{zz} \\ \dot{\gamma}^{e}_{xy} \\ \dot{\gamma}^{e}_{yz} \\ \dot{\gamma}^{e}_{zx} \end{bmatrix} = \frac{1}{E'} \begin{bmatrix} 1 & -\nu' & -\nu' & 0 & 0 & 0 \\ -\nu' & 1 & -\nu' & 0 & 0 & 0 \\ -\nu' & -\nu' & 1 & 0 & 0 & 0 \\ 0 & 0 & 0 & 2+2\nu' & 0 & 0 \\ 0 & 0 & 0 & 0 & 2+2\nu' & 0 \\ 0 & 0 & 0 & 0 & 0 & 2+2\nu' \end{bmatrix} \begin{bmatrix} \dot{\sigma}'_{xx} \\ \dot{\sigma}'_{yy} \\ \dot{\sigma}'_{zz} \\ \dot{\sigma}'_{xy} \\ \dot{\sigma}'_{yz} \\ \dot{\sigma}'_{zx} \end{bmatrix} \tag{5-9}
$$

整理可式(5-10)，可得

$$
\begin{bmatrix} \dot{\varepsilon}^{e}_{xx} \\ \dot{\varepsilon}^{e}_{yy} \\ \dot{\varepsilon}^{e}_{zz} \\ \dot{\gamma}^{e}_{xy} \\ \dot{\gamma}^{e}_{yz} \\ \dot{\gamma}^{e}_{zx} \end{bmatrix} = \frac{1}{E'} \begin{bmatrix} 1 & -\nu' & -\nu' & 0 & 0 & 0 \\ -\nu' & 1 & -\nu' & 0 & 0 & 0 \\ -\nu' & -\nu' & 1 & 0 & 0 & 0 \\ 0 & 0 & 0 & 2+2\nu' & 0 & 0 \\ 0 & 0 & 0 & 0 & 2+2\nu' & 0 \\ 0 & 0 & 0 & 0 & 0 & 2+2\nu' \end{bmatrix} \begin{bmatrix} \dot{\sigma}_{xx} - \dot{\sigma}_{w} \\ \dot{\sigma}_{yy} - \dot{\sigma}_{w} \\ \dot{\sigma}_{zz} - \dot{\sigma}_{w} \\ \dot{\sigma}_{xy} \\ \dot{\sigma}_{yz} \\ \dot{\sigma}_{zx} \end{bmatrix} \tag{5-10}
$$

式中　$\dot{\varepsilon}^{e}_{xx}$——$x$ 方向应变；

$\dot{\varepsilon}^{e}_{yy}$——$y$ 方向应变；

$\dot{\varepsilon}^e_{zz}$——z 方向应变；

$\dot{\sigma}'_{xx}$——x 方向应力；

$\dot{\sigma}'_{yy}$——y 方向应力；

$\dot{\sigma}'_{zz}$——z 方向应力；

$\dot{\gamma}^e_{xy}$——z 方向剪应变；

$\dot{\gamma}^e_{yz}$——x 方向剪应变；

$\dot{\gamma}^e_{zx}$——y 方向剪应变；

ν'——泊松比。

将水假设为轻度可压缩，此时可得到孔隙压力率如式(5-11) 所示

$$\dot{\sigma}_w = \frac{K_w}{n}(\dot{\varepsilon}^e_{xx} + \dot{\varepsilon}^e_{yy} + \dot{\varepsilon}^e_{zz}) \tag{5-11}$$

式中　K_w——体积模量；

　　　n——孔隙率。

胡克定律的逆形式可由总应力变化率 E_u 和不排水参数 ν_u 表示，如式(5-12) 所示

$$\begin{bmatrix} \dot{\varepsilon}^e_{xx} \\ \dot{\varepsilon}^e_{yy} \\ \dot{\varepsilon}^e_{zz} \\ \dot{\gamma}^e_{xy} \\ \dot{\gamma}^e_{yz} \\ \dot{\gamma}^e_{zx} \end{bmatrix} = \frac{1}{E_u} \begin{bmatrix} 1 & -\nu_u & -\nu_u & 0 & 0 & 0 \\ -\nu_u & 1 & -\nu_u & 0 & 0 & 0 \\ -\nu_u & -\nu_u & 1 & 0 & 0 & 0 \\ 0 & 0 & 0 & 2+2\nu_u & 0 & 0 \\ 0 & 0 & 0 & 0 & 2+2\nu_u & 0 \\ 0 & 0 & 0 & 0 & 0 & 2+2\nu_u \end{bmatrix} \begin{bmatrix} \dot{\sigma}'_{xx} \\ \dot{\sigma}'_{yy} \\ \dot{\sigma}'_{zz} \\ \dot{\sigma}'_{xy} \\ \dot{\sigma}'_{yz} \\ \dot{\sigma}'_{zx} \end{bmatrix} \tag{5-12}$$

式中

$$E_u = 2G(1+\nu_u)$$

$$\nu_u = \frac{\nu' + \mu(1+\nu')}{1 + 2\mu(1+\nu')}$$

$$\mu = \frac{1}{3n} \times \frac{K_w}{K'}$$

$$K' = \frac{E'}{3(1-2\nu')}$$

式中　G——剪切模量。

关于不排水行为的特殊选项使得有效参数 G 和 ν 转化成了不排水参数 E_u 和 ν_u，$\nu_u = 0.5$ 为完全不可压缩行为。为了避免低压缩性引起的数值问题，ν_u 取值为 0.495，即排水土体是轻微可压缩的。$\nu' \leqslant 0.35$ 表示水的体积模量相对土体骨架的体积模量很大。能让计算结果接近实际。对于不排水材料行为，水的一个体积模量值被自动加到了刚度矩阵里面，这个体积模量值由式(5-13) 给定

$$\frac{K_w}{n} = \frac{3(\nu_u - \nu')}{(1-2\nu_u)(1+\nu')}K' = 300\frac{0.495-\nu'}{1+\nu'}K' > 30K' \tag{5-13}$$

公式中的 K_w/n 表示孔隙流体的体积刚度。

当模型中的土体材料被赋予不排水行为时,Plaxis 软件会自动假定一个隐含的体积模量,同时区分总应力、有效应力和超静孔隙水压力。

总应力

$$\Delta P = K_u \Delta\varepsilon_v$$

有效应力

$$\Delta P' = (1-B)\Delta P = K'\Delta\varepsilon_v$$

超静孔隙水压力

$$\Delta P_w = B\Delta P = \frac{K_w}{n}\Delta\varepsilon_v$$

式中　K_u——体积模量;

　　　$\Delta\varepsilon_v$——体应变;

　　　B——Skempton B 系数。

根据弹性胡克定律自动计算不排水材料的体积模量值,如式(5-14) 所示

$$K_u = \frac{2G(1+\nu_u)}{3(1-2\nu_n)} \tag{5-14}$$

$$G = \frac{E'}{2(1+\nu')}$$

式中　ν_u——不排水中泊松比的某个特定值,意味着关于孔隙流体体积刚度 $K_{w,ref}/n$ 的一个相应的参考值,如式(5-15) 所示

$$\frac{K_{w,ref}}{n} = K_u - K' \tag{5-15}$$

式中,$K' = \dfrac{E'}{3(1-2\nu')}$。

$K_{w,ref}/n$ 的值通常比纯水的真实体积刚度 K_w^0 要小得多。

如果 Skempton 系数 B 的值未知,但是饱和度 S 以及孔隙率 n 是已知的,那么,孔隙流体体积刚度值可以通过如式(5-16) 所示计算。

$$\frac{K_w}{n} = \frac{K_w^0 K_{air}}{SK_{air}+(1-S)K_w^0} \times \frac{1}{n} \tag{5-16}$$

式中　K_{air}——孔隙中气体的体积模量;

　　　K_w——孔隙流体的体积模量;

　　　S——饱和度;

　　　n——孔隙率。

其中对于一个大气压下的空气,$K_{air} = 200\text{kN/m}^2$。现在,Skempton 系数 B 的值可以由土骨架的体积刚度和孔隙流体的体积刚度之比计算得到,如式(5-17) 所示

$$B = \frac{1}{1+nK'/K_w} \tag{5-17}$$

超静水孔隙压力的变化率可以根据 (小) 体积应变变化率计算得到,见式(5-18)

$$\sigma'_w = \frac{K_w}{n} \varepsilon'_V \tag{5-18}$$

式中 ε'_V——体积应变变化率；

σ'_w——超控孔隙水压力变化率。

综上所述，Plaxis 中使用的单元类型可以完全避免几乎完全不可压缩材料的网格闭锁现象。Plaxis 程序中所有的材料模型都有基于有效模型参数来模拟材料的不排水行为的这个特殊选项。从而可用有效模型参数进行不排水计算，明确区分有效应力与孔隙（超静水）压。

5.3 计算模型与参数

为了研究地下水位变化对边坡地震动力响应的影响，对于有限元的仿真对象只能是有界域，侧向边界位置选取的原则是尽量减小边界上反射波的影响，由于实际上土体是半无限大介质，需要定义特殊的边界条件。否则，在进行地震分析时振动波会在模型边界处反射，引起扰动。为了避免这种反射，有限元模型底部和左右边界采用黏弹性动力人工边界，其他边界为自由边界。假定边坡模型右侧水头为一恒值 12m，改变模型左侧水头的高度为 12m、14m、16m、18m、20m、22m 和 24m 进行研究，分别在边坡不同位置设置不同的监测点，其中监测点沿竖向间距为 2.4m，如图 5-1 所示。

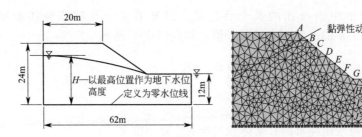

图 5-1 边坡几何模型和监测点布置图

本书模型采用的结构阻尼为 Rayleigh 阻尼，其计算式如式(5-19) 所示。

$$[C] = \alpha[M] + \beta[K] \tag{5-19}$$

式中 α——质量阻尼系数；

β——刚度阻尼系数；

$[M]$——质量矩阵；

$[K]$——刚度矩阵；

$[C]$——阻尼矩阵。

在进行有限元分析时，需要首先确定 α 和 β 的大小，其可按照式(5-20) 和式(5-21) 计算

$$\alpha = \frac{2\omega_i\omega_j(\xi_i\omega_j - \xi_j\omega_i)}{\omega_j^2 - \omega_i^2} \tag{5-20}$$

$$\beta = \frac{2(\xi_i\omega_j - \xi_j\omega_i)}{\omega_j^2 - \omega_i^2} \tag{5-21}$$

式中 ω_i——第一阶振型对应的自振频率;

$\quad\quad \omega_j$——第二阶振型对应的自振频率;

ξ_i,ξ_j——常规阻尼比,其取值一般为 $2\%\sim7\%$。

可将式(5-20)和式(5-21)进行简化来计算阻尼系数,如式(5-22)所示

$$\alpha = \frac{4\pi f_i f_j \xi}{(f_i + f_j)}$$

$$\beta = \frac{\xi}{\pi(f_i + f_j)} \quad\quad\quad (5-22)$$

式中 f_i——第一阶振型的固有频率;

$\quad\quad f_j$——第二阶振型的固有频率;

$\quad\quad \xi$——阻尼比。

由于本文的模型属于均质边坡,同一种材料阻尼系数相同,因此可通过对边坡进行自振分析,求出边坡的前两阶自振频率,从而可确定数值仿真分析时的质量阻尼系数 α 为 0.2,刚度阻尼系数 β 为 0.0019。

本章主要研究边坡在强震作用下的动力响应,因此,根据《铁路工程抗震设计规范》(GB 50111—2006)表 7.2.4-1,在多遇地震和罕遇地震时的地震基本加速度值的大小如表 5-1 所示。

表 5-1　水平地震基本加速度值

地震影响	6 度	7 度	8 度	9 度
多遇地震	$0.02g$	$0.04g$	$0.07g$	$0.14g$
罕遇地震	$0.11g$	$0.21g$	$0.38g$	$0.64g$

边坡所在地区基本烈度为 7 度,所在场地为 Ⅱ 类场。日本规范中建议的地震波考虑了场地类型,且同时考虑了地震波从基础底部输入,因此本文参考日本《道路桥示方书·同解说》,采用数值模拟方法对结构进行地震动力响应分析时应以实测的边界型地震波(Type Ⅰ:T1-Ⅱ-1 地震波和 T1-Ⅱ-3 地震波,发生频率较高,大振幅,长时间作用)和内陆直下型地震波(Type Ⅱ:T2-Ⅱ-1 地震波和 T2-Ⅱ-3 地震波,发生时间较低的短时间强震)分别作为远场地震记录和近场地震记录进行计算,如表 5-2 所示。同时还选取了峰值较大、波频范围较宽、适于作为设计依据的 EICentro 地震波进行计算分析,得到地震波时程曲线,如图 5-2 所示。按照罕遇地震的基本加速度值 0.21g 进行地震波的调整,且由于边坡破坏主要受到水平地震的影响,本文只考虑水平地震的作用。

表 5-2　地震波的基本特性

类型编号	地震名称	震级	震中距离/km	记录地点	加速度峰值 /Gal[①]
T1-Ⅱ-1	1968 年日向滩冲地震	7.5	100	板岛桥桥基	318.84
T1-Ⅱ-3	1994 年北海道东方冲地震	8.1	178	温根沼大桥	364.84
T2-Ⅱ-1	1995 神户地震	7.2	—	JR 鹰取站	686.83
T2-Ⅱ-3			11	大阪煤气供给所	736.33
EICentro	1940 年帝王谷地震	7.7	12	埃尔森特罗	341.70

① 1Gal=1cm/s²。

分别对不同地震波进行傅里叶转换,得到了不同地震波的反应谱,如图 5-3 所示。

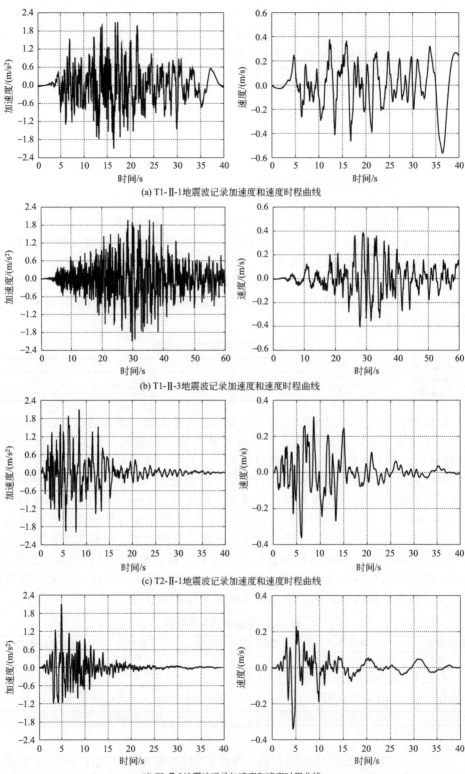

(a) T1-Ⅱ-1地震波记录加速度和速度时程曲线

(b) T1-Ⅱ-3地震波记录加速度和速度时程曲线

(c) T2-Ⅱ-1地震波记录加速度和速度时程曲线

(d) T2-Ⅱ-3地震波记录加速度和速度时程曲线

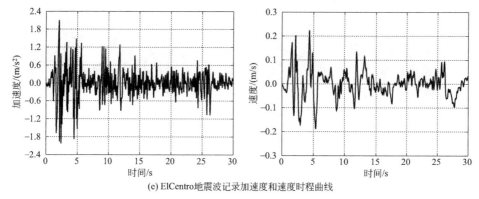

(e) ElCentro地震波记录加速度和速度时程曲线

图 5-2　地震波时程曲线

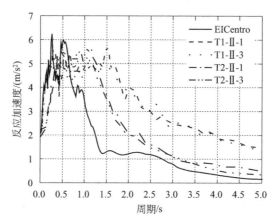

图 5-3　地震波反应谱（扫描前言二维码查看彩图）

　　由图 5-3 可知，对五条地震波做出阻尼为 5% 时的反应谱曲线，板块边界型地震波（Type1），其谱值集中分布在周期 0.25～1.5s 内，卓越周期平台较宽，随着周期的增大，加速度反应幅值下降较为缓慢。而内陆直下型地震波（Type2），地震加速度反应谱的卓越周期平台比板块边界型地震波短，对应的谱值主要集中分布在周期 0～0.8s 内，随着自振周期的增大，加速度反应增大，且加速度反应幅值下降比较快。ElCentro 地震波具有与板块边界型地震波相同的对低频结构影响较大的特点，又具有与内陆直下型地震波相同的加速度反应谱卓越周期平台短的特点。

5.4　地震作用下边坡的动孔隙水压力分析

　　应力场分布是研究边坡动力响应的重要内容，决定了边坡在加载后是否变形或破坏，而孔隙水压力的变化间接性反映了地下水位变化对边坡动力响应的影响。本文计算了不同水位时边坡的动孔隙水压力，如图 5-4～图 5-8 所示。

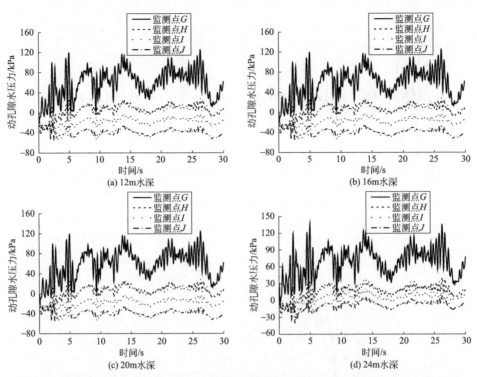

图 5-4　EICentro 地震作用下边坡不同位置的动孔隙水压力（扫描前言二维码查看彩图）

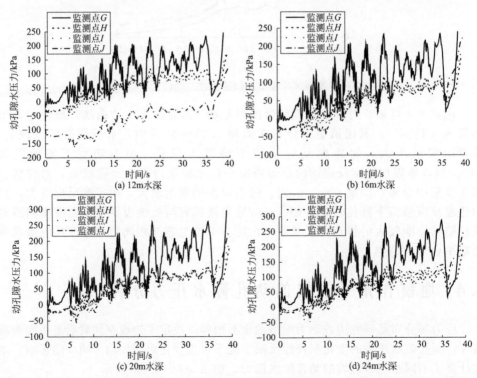

图 5-5　T1-Ⅱ-1 地震作用下边坡不同位置监测点的超孔隙水压力（扫描前言二维码查看彩图）

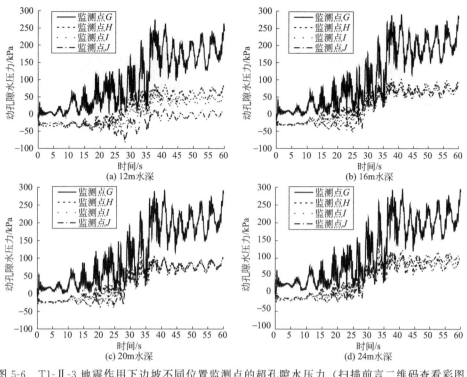

图 5-6　T1-Ⅱ-3 地震作用下边坡不同位置监测点的超孔隙水压力（扫描前言二维码查看彩图）

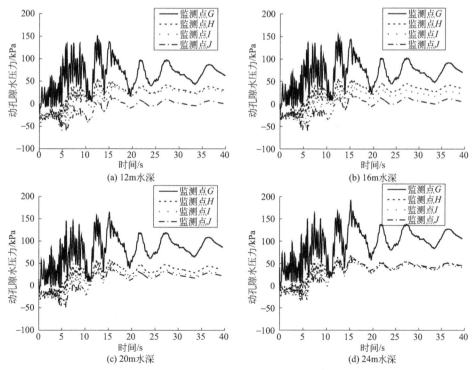

图 5-7　T2-Ⅱ-1 地震作用下边坡不同位置监测点的超孔隙水压力（扫描前言二维码查看彩图）

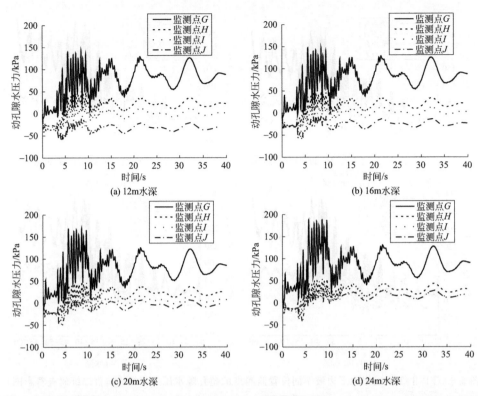

图 5-8　T2-Ⅱ-3 地震作用下边坡不同位置监测点的超孔隙水压力（扫描前言二维码查看彩图）

　　由图 5-4～图 5-8 可知，在不同地震作用下动态孔隙水压力表现出既波动变化又稳定增长的演化过程，在 EICentro 地震和近远场地震作用的短暂时间内，孔隙水压力来不及消散，骤然上升，表现出了较大的波动，尤其是边坡坡脚位置的动孔隙水压力，在边坡渗流作用下，其动孔隙水压力比其他监测点的动孔隙水压力大。分析其原因，动孔隙水压力往往伴随着渗流和固结，在外部荷载作用下，边坡内部为了保持土体骨架的平衡，需要产生相应的应力状态来维持，而地震属于突发荷载，其产生时砂土体内部或渗流边界的排水受阻，砂土就表现为孔隙水压力累积，导致孔隙水压力与土骨架应力之间的相互演化，并随荷载条件、起始条件、边界条件等不同表现出不同的破坏状态。因此，地震作用下动孔隙水压力的产生，会引起边坡土体强度的降低，使作用于土骨架上的有效应力发生变化，限制其变形，从而导致结构的破坏。边坡坡脚处为地下水渗出位置，也是在孔隙水压力影响下边坡最易剪切滑出的位置，坡脚位置的动孔隙水压力增大趋势明显，短时间内孔隙水压力的累积最大，因此在实际工程应作为重点防护位置。

5.5　考虑动孔隙水压力影响的边坡极限平衡法的修正

5.5.1　基于动三轴试验的动孔隙水压力计算方法

　　通过前文分析可知，动孔隙水压力对边坡稳定性的影响不可忽略，且土体动力参数的测定是土动力学的主要研究内容之一。基于此，可通过动三轴试验分别研究地震作用与正弦波作用下砂质土在不同的压密条件以及最大偏应力下的最大孔隙水压力发展规律。动三轴仪及其参数如图 5-9 所示。

图 5-9 动三轴仪及其参数

分别选取动三轴往返振动两次时的值作为最终的结果，砂质土的试块尺寸为 $H=15\text{cm}$，$D=6.18\text{cm}$，试验时试块压密时的应力条件如表 5-3 所示。

表 5-3 试块压密时的应力条件

竖向应力/kPa	水平应力/kPa	压密时平均有效主应力/kPa	压密时的主应力比
255	170	200	1.5
300	150	200	2
333	133	200	2.6

分别选取不同频率（1Hz、2Hz、3Hz、4Hz、5Hz 和 6Hz）正弦波、EICentro 地震波、T1-Ⅱ-1 和 T2-Ⅱ-1 地震波进行研究，地震峰值加速度为 0.21g，如表 5-4 所示。

表 5-4 地震波和正弦波作用下的试验结果

压密时				工况				
竖向应力 σ'_{y0}	水平应力 σ'_{x0}	平均有效主应力 $\sigma'_{pj}=\dfrac{\sigma'_{y0}+2\sigma'_{x0}}{3}$	初期偏应力 $\sigma'_{y0}-\sigma'_{x0}$	地震波	最大偏应力 $\sigma'_y-\sigma'_x$	应力比 $\dfrac{\sigma'_y-\sigma'_x}{2\sigma'_{pj}}$	超孔隙水压力 Δu	循环次数
300	150	200	150	EICentro	60.01	0.10	27	2
255	170	198	85		53.56	0.27	26	2
300	150	200	150	T1-Ⅱ-1	56.02	0.09	24	2
255	170	198	85		51.56	0.26	25	2
300	150	200	150	T1-Ⅱ-3	62.36	0.10	29	2
255	170	198	85		40.01	0.20	16	2
300	150	200	150	T2-Ⅱ-1	57.96	0.10	26	2
255	170	198	85		48.27	0.24	23	2
300	150	200	150	T2-Ⅱ-3	59.03	0.096	26	2
255	170	198	85		49.73	0.25	24	2
300	150	200	150	1Hz 正弦波	70.73	0.12	35	2
255	170	198	85		59.21	0.30	30	2
300	150	200	150	2Hz 正弦波	57.5	0.095	25	2
255	170	198	85		40.51	0.20	17	2
300	150	200	150	3Hz 正弦波	58.60	0.098	26	2
255	170	198	85		50.90	0.26	24	2

压密时				工况			超孔隙水压力 Δu	循环次数
竖向应力 σ'_{y0}	水平应力 σ'_{x0}	平均有效主应力 $\sigma'_{pj} = \dfrac{\sigma'_{y0} + 2\sigma'_{x0}}{3}$	初期偏应力 $\sigma'_{y0} - \sigma'_{x0}$	地震波	最大偏应力 $\sigma'_y - \sigma'_x$	应力比 $\dfrac{\sigma'_y - \sigma'_x}{2\sigma'_{pj}}$		
300	150	200	150	4Hz 正弦波	66.42	0.098	32	2
255	170	198	85		52.70	0.27	26	2
300	150	200	150	5Hz 正弦波	57.47	0.096	25	2
255	170	198	85		48.87	0.25	23	2
300	150	200	150	6Hz 正弦波	52.47	0.13	28	2
255	170	198	85		43.87	0.11	19	2

通过整理，可得试块在不同地震波和不同频率的正弦波作用下最大超孔隙水压力与最大偏应力和平均有效主应力的关系图，如图 5-10 和图 5-11 所示。

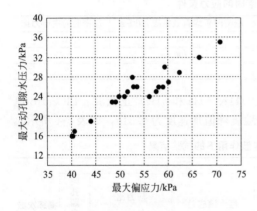

图 5-10　最大偏应力和最大
动孔隙水压力的关系

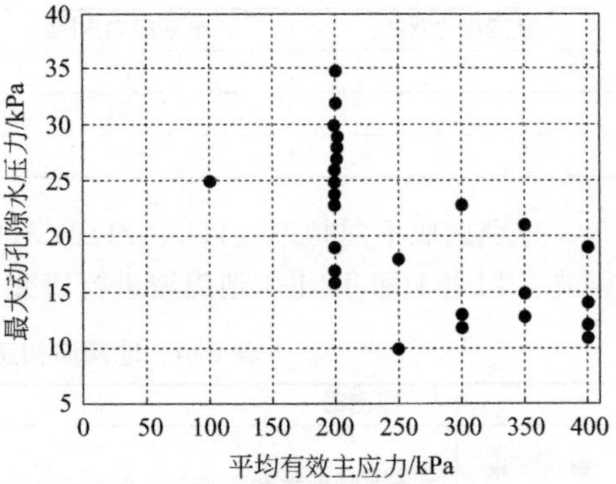

图 5-11　平均有效主应力和最大
动孔隙水压力的关系

由图 5-10 和图 5-11 可知，通过对地震荷载和不同频率的正弦波荷载作用下砂质土进行往返两次的振动，得到最大偏应力、平均有效主应力和最大超孔隙水压力的关系曲线图，随着最大偏应力的增加，砂质土的最大动孔隙水压力表现出线性增长趋势。而随着平均有效主应力的增加，砂质土的最大超孔隙水压力表现出减小的趋势。

通过对图 5-10 和图 5-11 进行非线性回归分析，可得最大动孔隙水压力和最大偏差应力以及平均有效主应力的拟合关系式，如式（5-23）所示

$$\Delta u = 9 - 0.075\sigma'_{pj} + 0.7(\sigma'_y - \sigma'_x)_d \qquad (5\text{-}23)$$

式中　　Δu——动孔隙水压力；

σ'_{pj}——平均有效主应力；

σ'_y——竖向平均有效应力；

σ'_x——水平平均有效应力；

$(\sigma'_y - \sigma'_x)_d$——初始偏差应力。

5.5.2 边坡稳定性分析的极限平衡法的修正

通过动三轴试验确定砂质土在不同地震类型及不同频率的正弦波作用下的最大动孔隙水压力，并计算最大超孔隙水压力与偏差应力和最大平均有效主应力的拟合关系式。将拟合关系式代入边坡极限平衡法公式中，得出考虑地震作用下动孔隙水压力影响的边坡安全系数，如图 5-12 和式（5-24）所示。

$$F_s = \frac{\sum\left[cL + (W\cos\theta - u_0 L - \Delta u L - WK_h\sin\theta)\tan\phi\right]}{\sum(W\sin\theta + WK_h\cos\theta)} \tag{5-24}$$

式中　F_s——安全系数；

　　　W——土体重量；

　　　θ——斜面切线与水平方向的夹角；

　　　φ——内摩擦角；

　　　c——黏聚力；

　　　L——斜面长度；

　　　u_0——静水压力；

　　　Δu——地震时超孔隙水压力；

　　　K_h——水平地震系数，$K_h = a/g$。

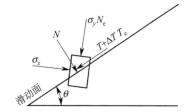

图 5-12　试块三轴试验时在斜面位置的应力状态

N—滑动面上的法向应力；

N_e—地震时滑动面上的法向应力；

T—滑动面上作用的切向应力；

T_e—地震时滑动面上作用的切向应力；

σ_x—水平应力；σ_y—竖向应力

通过式（5-24）的隔离块体的平衡关系式可以确定出 σ_y'、σ_x' 和 σ_{pj}'，如式（5-25）和式（5-26）所示

$$\sigma_y' = (W\cos\theta - u_0 L) + \frac{(W\sin\theta + W'\sin\theta)(1 - \cos2\theta)}{\sin2\theta} \tag{5-25}$$

$$\sigma_x' = (W\cos\theta - u_0 L) - \frac{(W\sin\theta + W'\sin\theta)(1 + \cos2\theta)}{\sin2\theta} \tag{5-26}$$

式中　W'——上部块体在重力作用下对下部块体产生的推力。

通过式（5-25）和式（5-26）可确定式（5-24）中的偏应力和平均主应力，如式（5-27）和式（5-28）所示。

$$\sigma_{pj}' = (\sigma_y' + 2\sigma_x')/3 = 2(W\cos\theta - u_0 L) + \frac{\left[(W\sin\theta + W'\sin\theta) + 3(W\sin\theta + W'\sin\theta)\cos2\theta\right]}{\sin2\theta} \tag{5-27}$$

$$(\sigma_y' - \sigma_x')_d = 2WK_h\cos\theta/\sin2\theta \tag{5-28}$$

通过将式（5-27）和式（5-28）代入式（5-24）中，可求得地震作用下考虑超孔隙水压力影响的边坡安全系数。

5.5.3 动孔隙水压力对边坡安全系数影响分析

基于前文修正的边坡极限平衡公式，对比考虑动孔隙水压力影响与未考虑动孔隙水压力影响时边坡的安全系数，明确动孔隙水压力对边坡安全系数的影响规律。分别选取地下水位 H 为 14m、16m、18m、20m、22m 时边坡极限平衡法修正前和边坡极限平衡法修正后的安全系数，如图 5-13 所示。

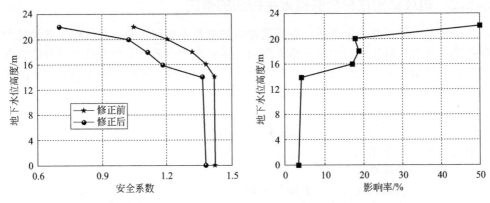

图 5-13 考虑动孔隙水压力和不考虑动孔隙水压力的安全系数

由图 5-13 可知，考虑动孔隙水压力计算的边坡安全系数比不考虑动孔隙水压力偏低，且随着地下水位的升高，修正后的极限平衡法计算的安全系数与修正前的安全系数之间的偏差呈现增大趋势，且在相对地下水位高度 $H=22\mathrm{m}$ 时，考虑动孔隙水压力时边坡的安全系数比不考虑动孔隙水压力的安全系数最大降低了 49.3%，说明地下水位越高，修正后计算的边坡的安全系数比修正前计算安全系数偏差就越大，且在进行边坡的极限平衡分析时，如果不考虑动孔隙水压力的影响，求解的边坡安全系数将偏高，使得边坡工程存在潜在的危险性。

5.6 本章小结

本章基于砂质边坡的有限元模型研究了地震作用下边坡不同位置的动孔隙水压力变化发展规律，并分析了不同地下水位下动孔隙水压力与位移、平均有效主应力的关系。最后基于动三轴试验，研究了不同地震和正弦波作用下不同偏应力和平均有效主应力下边坡的最大孔隙水压力变化规律，并采用非线性回归分析得到了基于最大偏应力和平均有效主应力的边坡动孔隙水压力的简化计算方法。最后利用动孔隙水压力的简化计算方法对边坡的极限平衡法进行了修正。得到的主要结论如下。

① 在不同地震作用下边坡不同位置的动态孔隙水压力表现出既波动变化又稳定增长的演化过程，边坡坡脚处为地下水渗出位置，也是在动孔隙水压力影响下边坡最易剪切滑出的位置，坡脚位置的动孔隙水压力增大趋势明显，且在短时间内孔隙水压力的累积值比其他监测点的动孔隙水压力大，因此在实际工程中坡脚应作为重点防护位置。

② 地震作用下随着动孔隙水压力的增加，边坡不同位置的水平位移呈现增大的趋势，不排水条件下地震作用时孔压迅速累积增加，动孔压的存在使边坡在受较大动应力作用时塑性变形累积，造成边坡的破坏加速，并产生塑性累积效应。随着地震峰值加速度的增大或者地下水位的升高，动孔隙水压力急剧增大，最终会导致边坡的破坏，因此在进行动力反应分析时，动孔隙水压力的影响不可忽略。

③ 将动孔隙水压力和偏差应力以及平均有效主应力的拟合关系式代入边坡极限平衡公式中，对边坡极限平衡法进行了修正，通过修正后的边坡极限平衡法可得出考虑地震作用下动孔隙水压力影响的边坡安全系数。通过对修正后与修正前的边坡极限平衡公式计算的边坡安全系数进行对比分析，得出修正后计算的安全系数比修正前计算的安全系数最大降低了 49.3%。说明地下水位越高，修正后计算的边坡的安全系数比修正前计算安全系数偏差就越大，且在进行边坡的极限平衡分析时，如果不考虑动孔隙水压力的影响，求解的边坡安全系数将偏高，使得边坡的工程存在潜在的危险性。

第6章

不同地下水位对砂质边坡地震动力响应的影响

6.1 概述

近年来地震引发的滑坡灾害频繁发生，例如2008年5月的汶川地震，边坡土体在主震作用下局部损伤，边坡稳定性大大降低，在降雨激发作用下又引发了新的滑坡灾害。2012年9月云贵地震中由于山高坡陡，地震发生期间降雨频繁发生，引发的滑坡损毁了大量民房和道路。2013年4月雅安地震，降雨不断发生，雨水浸泡使边坡处于不同的地下水位，加上震后土质疏松，山体滑坡、泥石流等地质灾害不断发生。由此可知，在地震作用下处于不同地下水位的边坡将会表现出不同的稳定性，而荷载作用下孔隙水压力的发展变化是影响土体变形及强度变化的重要因素。尤其是地震作用进一步加剧了地下水与边坡土体的相互作用，严重影响边坡的稳定性，研究地震作用下动孔隙水压力对边坡稳定性的影响具有重要的工程意义。

根据《铁路工程抗震设计规范》（GB 50111—2006），铁路工程应按多遇地震、设计地震和罕遇地震三个地震动水准进行抗震分析。对于结构的现行抗震设防目标是：遭遇多遇地震影响时，结构处于弹性工作状态，一般不受损坏（第一水准）；在设防地震烈度下，结构处于弹塑性状态，允许发生一定的损伤，但是经过修理后可以继续使用（第二水准）；当遭遇罕遇地震时，结构存在较大的塑性变形，但是不会发生倒塌以及危及生命（第三水准）。因此，在进行结构的抗震设计时，可在第一阶段将结构按照弹性体系进行分析，并对结构进行承载力和整体变形验算。第二阶段中为了满足第三水准的设防要求，可以采用概念设计和抗震构造措施进行加固。目前，第一阶段设计的弹性静力分析和动力时程分析方法已经很成熟，国内外有很多计算软件都能计算出较精确的结果。而第二阶段设计的弹塑性静力和动力分析方法目前还不是很成熟，基于此，本章通过弹塑性时程分析方法研究罕遇地震作用下地下水对边坡动力响应和稳定性的影响规律，将对边坡的抗震加固具有重要的指导意义。

6.2 边坡的自振特性分析

为了研究地下水位变化对边坡地震动力响应的影响，采用本书5.3节的有限元模型，如图 6-1 所示。

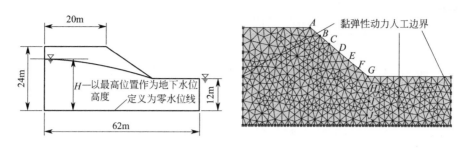

图 6-1　边坡几何模型和监测点布置图

通过大型有限元仿真软件建立边坡的有限元模型（无地下水），进行了模态分析（采用 ADINA 有限元软件），确定了边坡的前六阶模态，如图 6-2 所示。

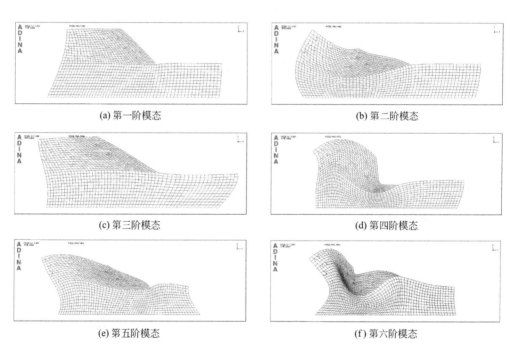

(a) 第一阶模态　　　　　　　　　　　　(b) 第二阶模态

(c) 第三阶模态　　　　　　　　　　　　(d) 第四阶模态

(e) 第五阶模态　　　　　　　　　　　　(f) 第六阶模态

图 6-2　边坡的模态分析

从前六阶振型可以看出，边坡的振动主要发生在坡面处，由此可知，在地震发生时，坡面振动相对强烈，此处将是边坡中较为薄弱的部位，决定了边坡的破坏易从坡面开始发生，且当地震波的频率与边坡的某一固有频率一致时，可能会产生共振现象。根据上述规律，可以在边坡的抗震设计中考虑地震波频率与边坡自振频率的关系，采取适宜的治理措施，从而降低边坡的震害效应。

分别提取边坡的前六阶自振频率和周期如表 6-1 所示，其中地下水对边坡自振周期的影响将在后文振动台试验中进行研究。

表 6-1   前六阶自振频率和周期

模态	1	2	3	4	5	6
周期/s	0.792	0.466	0.401	0.354	0.303	0.279
频率/Hz	1.262	2.147	2.494	2.826	3.300	3.586

6.3   地震作用下边坡的地震动力响应分析

首先在边坡的左侧边界和右侧边界分别设定一定高度的水头，然后通过边坡的稳态渗流分析使得边坡内部形成稳定的渗流场，从而可确定边坡浸润线位置，将其作为边坡地震动力响应分析的初始状态，研究不同地下水位对边坡坡面水平加速峰值的影响，计算结果如图 6-3 所示。

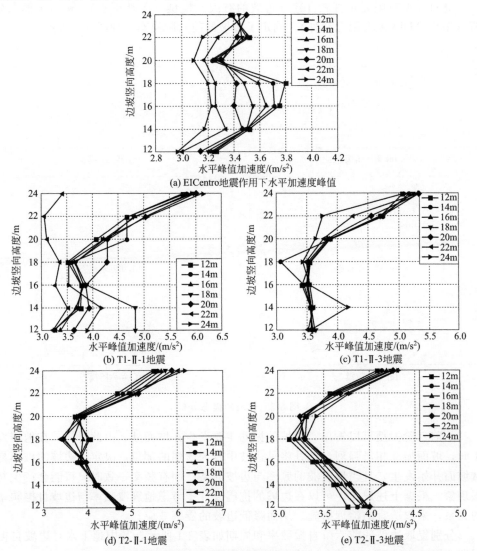

图 6-3   不同地震作用下沿边坡高度的水平峰值加速度（扫描前言二维码查看彩图）

由图 6-3 可知，在 EICentro 地震和近远场地震作用下，随着地下水位的升高，沿边坡高度方向最大水平加速度峰值逐渐减小，说明地下水的存在具有弱化边坡振动大小的作用。而在近远场地震作用下，水平峰值加速度沿着边坡高度出现不同的变化趋势：在远场地震（T1-Ⅱ-1 和 T1-Ⅱ-3）作用下水平峰值加速度在不同水深下随着边坡高度的增加总体呈现增大的趋势，且在边坡顶部达到最大值，表现出明显的动力反应的"鞭梢"效应，且水平峰值加速度均大于输入地震时的峰值加速度 0.21g，说明砂质边坡对地震波产生了放大效应，随着边坡高度的增加，其动力放大效应越来越明显；而在近场地震（T2-Ⅱ-1 和 T2-Ⅱ-3）作用下边坡的峰值加速度均随着边坡高度的增加呈现出先减小后增大的趋势，且最小值出现边坡坡中，之后随着边坡高度的增加在边坡坡顶达到最大值。分析其原因，是在边坡底部入射的地震波传到边坡顶部时会产生波场的分裂现象，分裂后不同类型的地震波会相互叠加，从而形成较为复杂的地震波场，产生放大效应，在坡顶位置引起的地震反应急剧增大。在 EICentro 地震作用下，当水位在 16m 以下时，边坡峰值加速度随着高度的增加呈现出先增大后减小的趋势，当水位超过 16m 水深时整体呈现出随高度增加的趋势。

由于峰值加速度并不能反映随着时间变化的边坡不同位置的加速度响应，因此，提取了 $H=0$ 和 $H=24\mathrm{m}$ 时，边坡坡顶、坡中和坡趾位置的加速度响应，如图 6-4～图 6-8 所示。

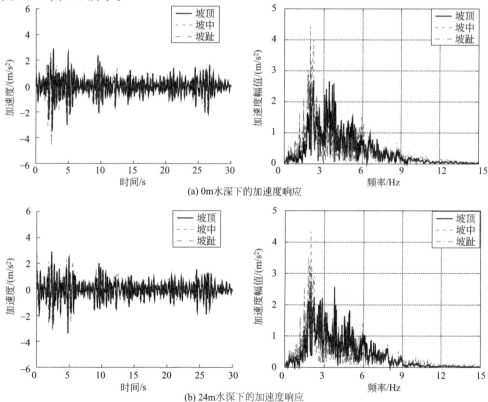

(a) 0m水深下的加速度响应

(b) 24m水深下的加速度响应

图 6-4　EICentro 地震作用下 0m 水深和 24m 水深的边坡加速度响应和频谱

（扫描前言二维码查看彩图）

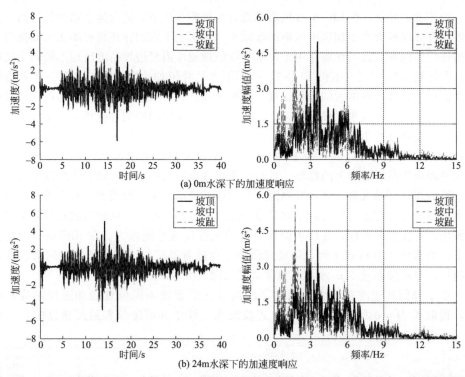

图 6-5　T1-Ⅱ-1 地震作用下 0m 水深和 24m 水深的边坡加速度响应和频谱（扫描前言二维码查看彩图）

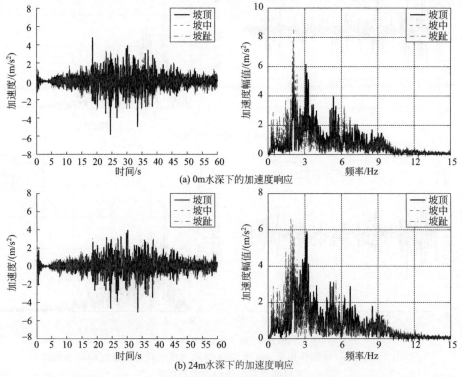

图 6-6　T1-Ⅱ-3 地震作用下 0m 水深和 24m 水深的边坡加速度响应和频谱（扫描前言二维码查看彩图）

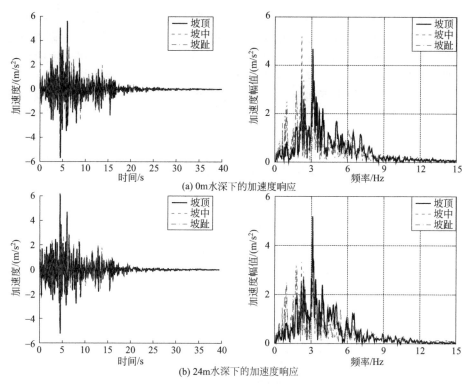

(a) 0m水深下的加速度响应

(b) 24m水深下的加速度响应

图 6-7　T2-Ⅱ-1 地震作用下 0m 水深和 24m 水深的边坡加速度响应和频谱（扫描前言二维码查看彩图）

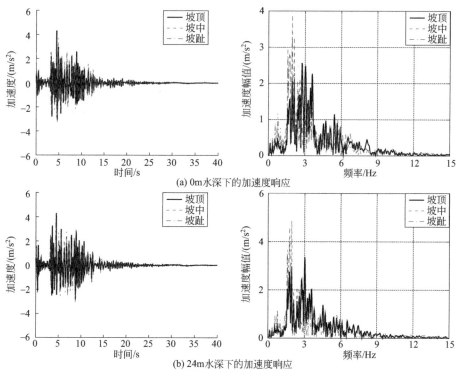

(a) 0m水深下的加速度响应

(b) 24m水深下的加速度响应

图 6-8　T2-Ⅱ-3 地震作用下 0m 水深和 24m 水深的边坡加速度响应和频谱（扫描前言二维码查看彩图）

由图 6-4～图 6-8 可知，土体材料本身具有阻尼特性，也能吸收的一部分能量，从而会对高频段的地震波具有一定的滤波作用；而存在地下水时，其对高频段地震波的滤波现象表现得更为明显，同样会对地震波低频段的能量起到一定的放大作用。当地震波从坡底入射，经过边坡传播后，其自身的频谱特性会发生一定的改变，具体表现为：坡体由下到上（坡脚、坡中和坡顶）各点对应的加速度反应谱值呈现增大的现象，其频率大小主要在 1～3Hz 范围内，而在 3～10Hz 范围内各点对应的加速度反应谱呈现减小的现象。

在地震作用下，边坡位移响应可为边坡的稳定性评价提供重要的参考，本章计算了不同地下水位下边坡坡面最大水平相对位移值沿着边坡高度的变化规律，如图 6-9 所示。

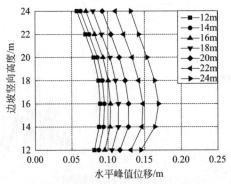

(a) ElCentro地震下边坡不同高度位移

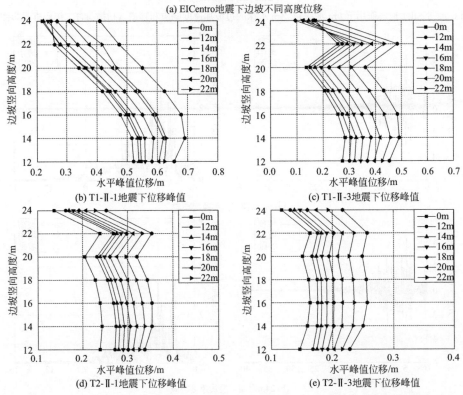

(b) T1-Ⅱ-1地震下位移峰值

(c) T1-Ⅱ-3地震下位移峰值

(d) T2-Ⅱ-1地震下位移峰值

(e) T2-Ⅱ-3地震下位移峰值

图 6-9　不同地震作用下边坡最大水平位移的变化规律（扫描前言二维码查看彩图）

由图 6-9 可知，近远场地震作用下边坡有地下水时坡面处最大水平位移明显比无水时偏大，近场地震作用下坡面处的最大水平位移要大于远场地震作用下；随着地下水位的升高，边坡坡面处的最大水平位移均表现出增大的趋势，且随着边坡高度的增加有减小的趋势；远场地震（T1-Ⅱ-1 和 T1-Ⅱ-3）作用下边坡水平最大位移随着 Y 向高度的增加整体呈现出减小的趋势，且在边坡高度 14m 出现最大值，靠近边坡的坡趾。而近场地震（T2-Ⅱ-1 和 T2-Ⅱ-3）作用下边坡水平最大位移沿着 Y 向高度减小趋势不明显，而其水平位移最大值出现边坡高度 22m 处，靠近边坡坡顶；EICentro 地震作用下边坡位移沿着 Y 向高度，呈现先增大后减小的趋势，其水平位移最大值出现在边坡高度 16m 处。由此可知，远场地震作用对边坡坡脚位置变形影响较大，而近场地震作用对边坡坡顶位置变形影响较大，因此，地震作用下坡肩顶和坡趾位置均应作为重点防护位置。此外，边坡最大水平位移在远场地震作用下要大于近场地震作用，因此，在对边坡进行抗震加固时远场地震作用应该予以重视。综上所述，边坡地下水的存在对边坡水平位移有较大的影响，尤其是在远场地震作用下表现得更为明显。

为了进一步明确边坡位移随着时间变化的规律，计算边坡在水位 $H=0m$、16m、20m、24m 水深下坡面不同位置的位移时程响应，如图 6-10～图 6-14 所示。

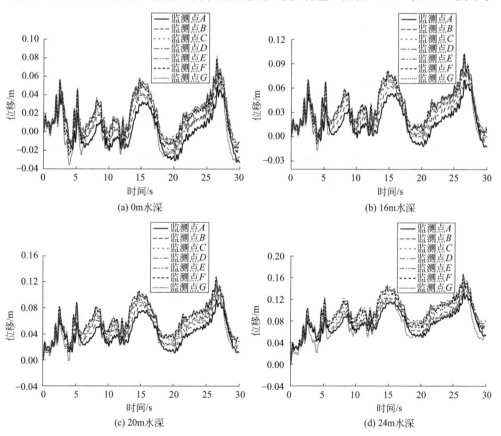

图 6-10　监测点布置图和 EICentro 地震下边坡不同高度位移时程（扫描前言二维码查看彩图）

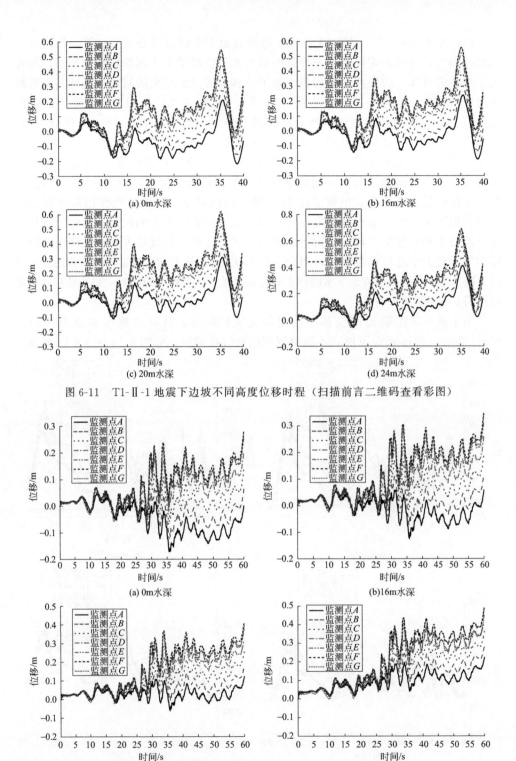

图 6-11　T1-Ⅱ-1 地震下边坡不同高度位移时程（扫描前言二维码查看彩图）

图 6-12　T1-Ⅱ-3 地震下边坡不同高度位移时程（扫描前言二维码查看彩图）

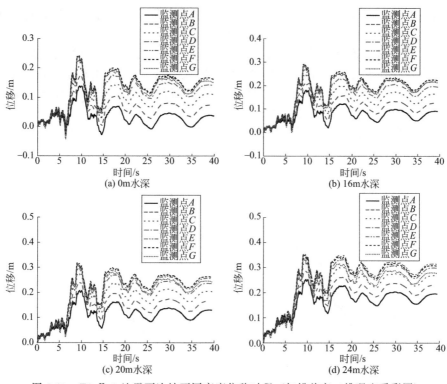

图 6-13 T2-Ⅱ-1 地震下边坡不同高度位移时程（扫描前言二维码查看彩图）

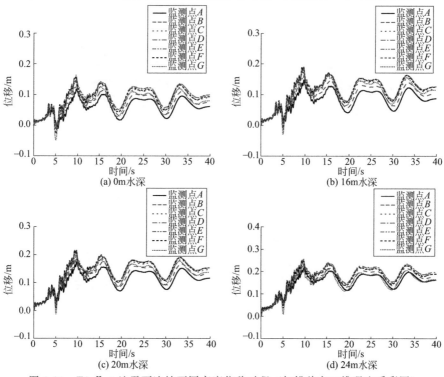

图 6-14 T2-Ⅱ-3 地震下边坡不同高度位移时程（扫描前言二维码查看彩图）

由图 6-10～图 6-14 可知,不同地震作用下最大位移出现在不同的时刻,在位移时程曲线中可以看出,随着水位的增加,边坡均发生了塑性变形,即边坡位移均呈现出了塑性累积效应。近场地震(T2-Ⅱ-1 和 T2-Ⅱ-3)作用初始时刻边坡变形波动较大,在地震持续作用到第 8s 和第 9s 时边坡位移时程曲线出现了明显的累积,即产生了较大的塑性变形,之后在新的平衡位置继续波动。而在远场地震(T1-Ⅱ-1 和 T1-Ⅱ-3)作用初始时刻边坡变形波动较小,直到第 17s 和第 16s 时边坡位移时程曲线才出现了明显的累积。而 EICentro 地震波作用下边坡在整个地震持时阶段波动较大,在第 2s 时就出现了明显的塑性累积效应,且当水位达到 16m 时,其位移出现了明显的累积效应。

由于坡脚是边坡破坏滑移时容易剪出的位置,因此本章对边坡在不同地下水位下的剪应力和剪应变进行了分析,如图 6-15～图 6-19 所示。

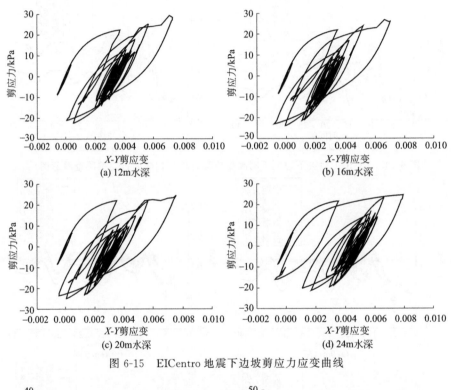

图 6-15　EICentro 地震下边坡剪应力应变曲线

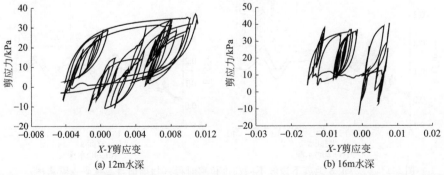

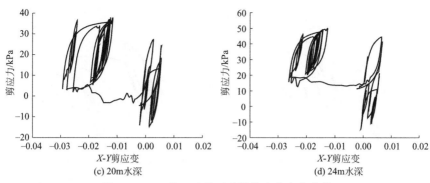

(c) 20m水深   (d) 24m水深

图 6-16   T1-Ⅱ-1 地震下边坡剪应力应变曲线

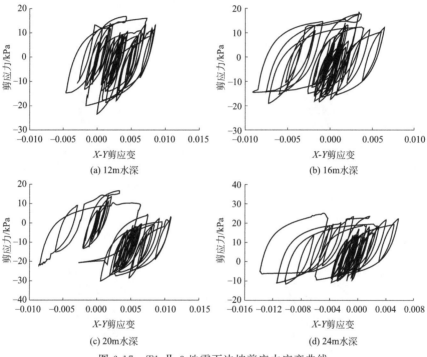

(a) 12m水深   (b) 16m水深

(c) 20m水深   (d) 24m水深

图 6-17   T1-Ⅱ-3 地震下边坡剪应力应变曲线

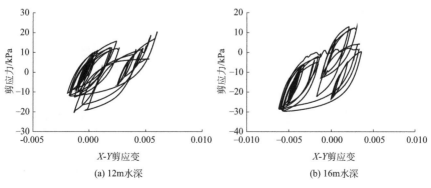

(a) 12m水深   (b) 16m水深

图 6-18

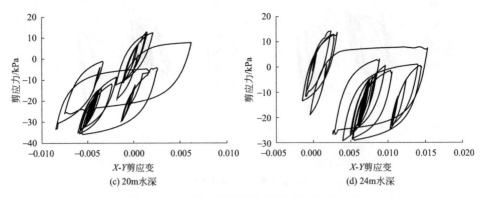

图 6-18　T2-Ⅱ-1 地震下边坡剪应力应变曲线

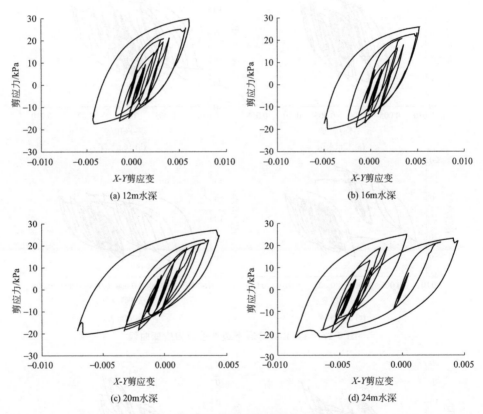

图 6-19　T2-Ⅱ-3 地震下边坡剪应力应变曲线

　　由图 6-15～图 6-19 可知，在 EICentro 地震和近远场地震作用下，边坡坡脚的剪应力剪应变表现出滞回性能，且随着地震的持续作用，其滞回平衡位置不断地改变。分析其原因，主要是由于边坡发生了明显的塑性变形，使得剪应力和剪应变滞回平衡位置不断向 X 向和 Y 向平移。随着水位的升高，边坡的剪应力和剪应变均表现出增大的趋势。当存在地下水时，边坡不同位置的剪应力-剪应变滞回曲线向坐标轴不同方向延伸幅度增大，说明有地下水时，其对坡脚的抗剪能力有较大影响。分析其原因，是由于地下水的存在使得土层含水率增大，且坡脚位置为地下水渗出位置，其渗透力较大，土体在渗透力和孔隙水压力的影响下，有效应力降低，导致边坡抗剪强度减小，当地震发生时极易出现剪切破坏。随着地下水位的升高，地下水的存在对坡脚的剪应力和剪应变影响逐渐增大。远场地震作用时在不同水深下边坡坡脚的剪应力-剪应变曲线在 X 向和 Y 向的延伸较大，说明远场地震对边坡坡脚的抗剪能力的影响要大于近场地震。地震下坡脚剪应力曲线分析如图 6-20～图 6-24 所示。

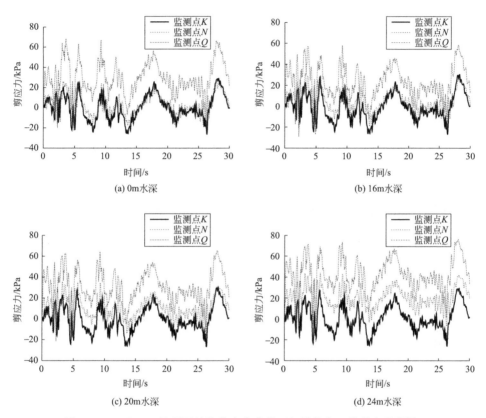

图 6-20　EICentro 地震下坡脚剪应力曲线（扫描前言二维码查看彩图）

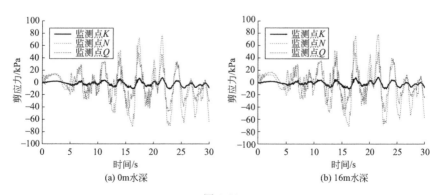

图 6-21

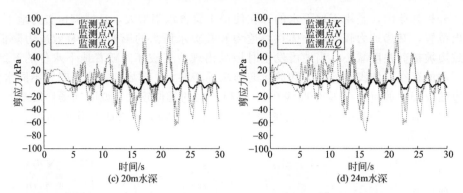

(c) 20m水深   (d) 24m水深

图 6-21   T1-Ⅱ-1 地震下坡脚剪应力曲线（扫描前言二维码查看彩图）

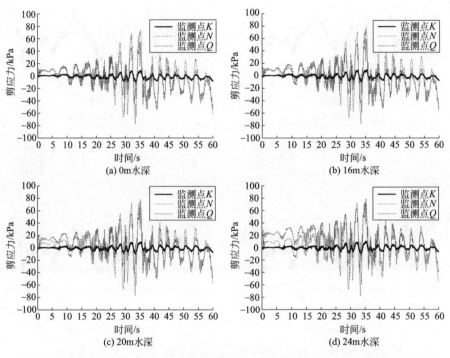

(a) 0m水深   (b) 16m水深

(c) 20m水深   (d) 24m水深

图 6-22   T1-Ⅱ-3 地震下坡脚剪应力曲线（扫描前言二维码查看彩图）

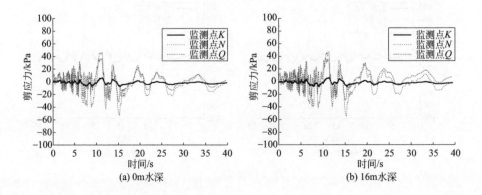

(a) 0m水深   (b) 16m水深

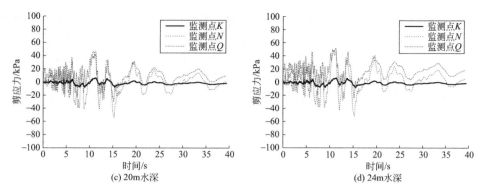

(c) 20m水深　　　　　　　　　　　(d) 24m水深

图 6-23　T2-Ⅱ-1 地震下坡脚剪应力曲线（扫描前言二维码查看彩图）

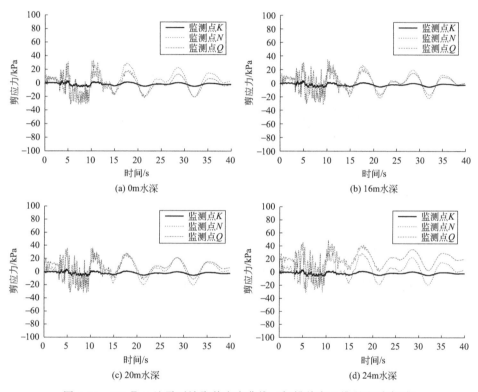

(a) 0m水深　　　　　　　　　　　(b) 16m水深

(c) 20m水深　　　　　　　　　　　(d) 24m水深

图 6-24　T2-Ⅱ-3 地震下坡脚剪应力曲线（扫描前言二维码查看彩图）

由图 6-20～图 6-24 可知，在远场地震作用下随着地震的持续作用，监测点 N 和监测点 Q 的动剪切应力均偏离了原来的波动平衡位置，即边坡的剪切应力出现了一定的残余剪切应力。ElCentro 地震作用下，水位高度为 24m 时，监测点 K、N 和 Q 的最大剪应力分别是 30.01kPa、44.22kPa 和 76.34kPa，分别比无水时候增大了 1.03 倍、1.66 倍和 1.12 倍。T1-Ⅱ-1 地震作用下水位高度为 24m 时，监测点 K、N 和 Q 的最大剪应力分别是 14.09kPa、107.02kPa 和 110.57KkPa，分别比无水时候增大了 1.09 倍、1.03 倍和 1.11 倍。T1-Ⅱ-3 地震作用下水位高度为 24m 时，监测点 K、N 和 Q 的最大剪应力分别是 9.53kPa、78.85kPa 和 71.97kPa，分别比无水时候增大了 1.13 倍、1.02 倍和

1.31 倍。T2-Ⅱ-1 地震作用下水位高度为 24m 时，监测点 K、N 和 Q 的最大剪应力分别是 8.77kPa、63.58kPa 和 53.48kPa，分别比无水时候增大了 1.09 倍、1.16 倍和 1.43 倍。T2-Ⅱ-3 地震作用下水位高度为 24m 时，监测点 K、N 和 Q 的最大剪应力分别是 5.99kPa、35.40kPa 和 49.59kPa，分别比无水时候增大了 1.07 倍、1.04 倍和 1.56 倍。由此可知，在远场地震作用下边坡坡脚位置的土体残余剪切应力明显大于近场地震。说明在远场地震作用下边坡更容易剪切滑出。随着地下水位的增加，边坡坡脚的剪切应力增加，最高水位 24m 与无地下水时，边坡的最大剪切应力在 EICentro 地震作用下最大增加 1.66 倍；T1-Ⅱ-1 地震下最大增大了 1.11 倍；T1-Ⅱ-3 地震下最大增大了 1.31 倍；T1-Ⅱ-1 地震下最大增大了 1.43 倍；T1-Ⅱ-3 地震下最大增大了 1.56 倍；由此可知地下水的存在对边坡剪切破坏影响较为显著，坡脚位置应该为边坡的重点位置。

通过分析边坡的最大主应力，可以明确边坡的开挖面与最大主应力方向的关系，有利于边坡的稳定，可以为设计提供依据。为了明确地下水位变化对边坡主应力的影响，分别研究了不同水位下边坡的最大主应力和最小主应力，如图 6-25～图 6-29 所示。

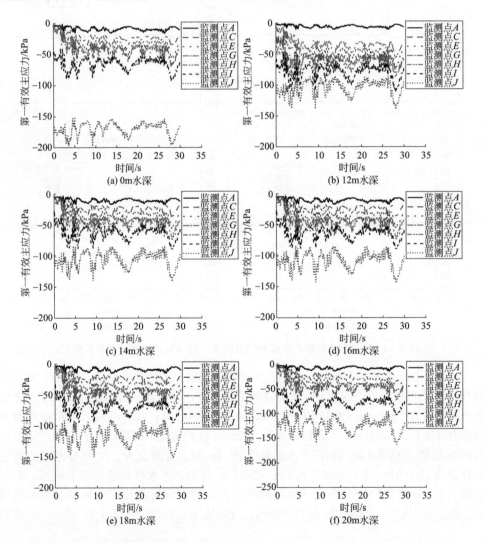

(a) 0m水深 (b) 12m水深 (c) 14m水深 (d) 16m水深 (e) 18m水深 (f) 20m水深

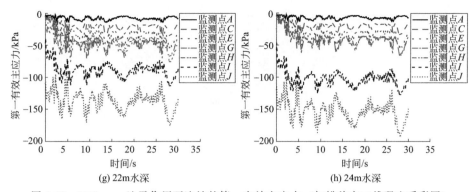

(g) 22m水深   (h) 24m水深

图 6-25 ElCentro 地震作用下边坡的第一有效主应力（扫描前言二维码查看彩图）

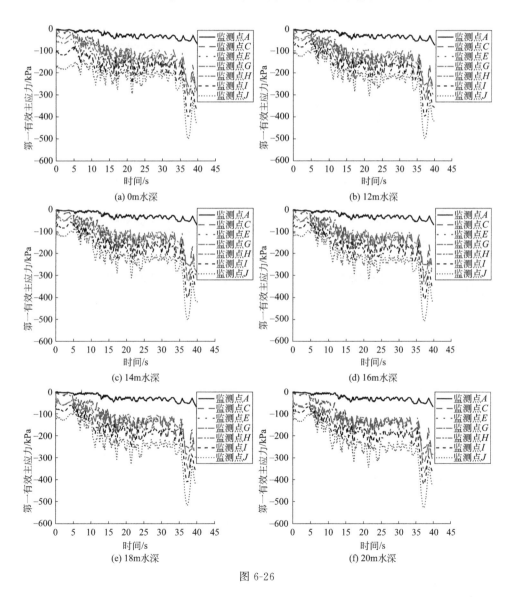

(a) 0m水深   (b) 12m水深

(c) 14m水深   (d) 16m水深

(e) 18m水深   (f) 20m水深

图 6-26

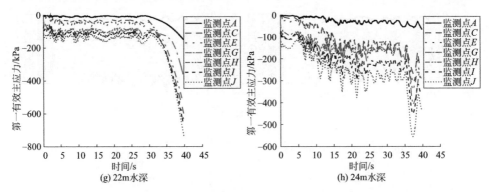

(g) 22m水深　　　　　　　　　　　　(h) 24m水深

图 6-26　T1-Ⅱ-1 地震作用下边坡的第一有效主应力（扫描前言二维码查看彩图）

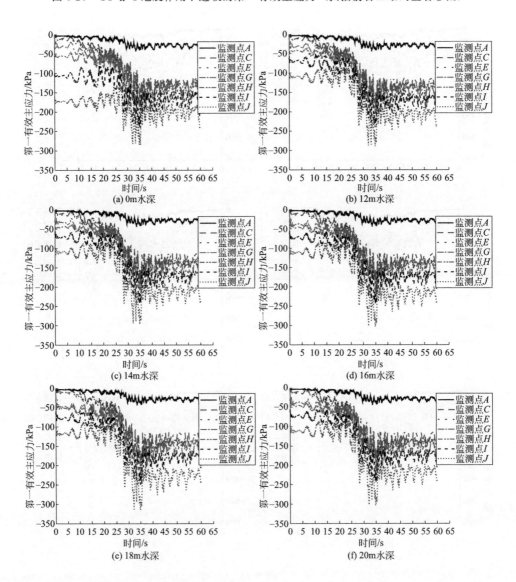

(a) 0m水深　　　　　　　　　　　　(b) 12m水深

(c) 14m水深　　　　　　　　　　　　(d) 16m水深

(e) 18m水深　　　　　　　　　　　　(f) 20m水深

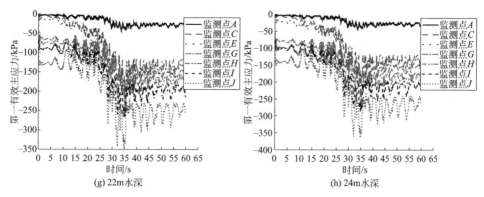

图 6-27　T1-Ⅱ-3 地震作用下边坡的第一有效主应力（扫描前言二维码查看彩图）

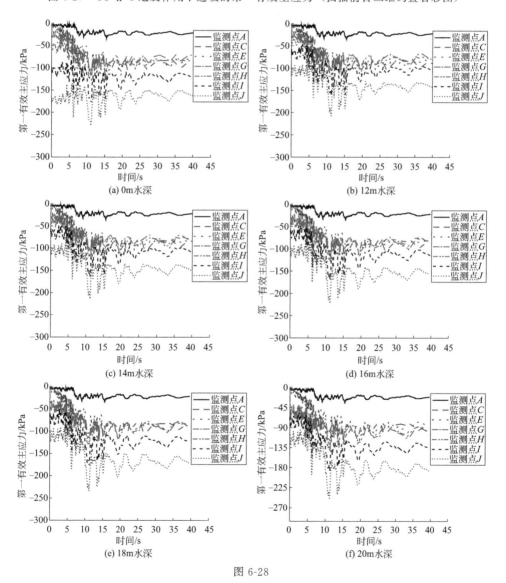

图 6-28

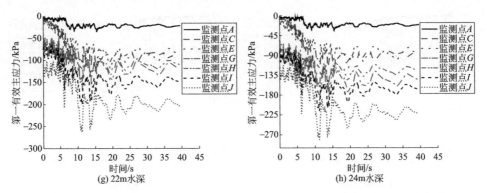

(g) 22m水深　　　　　　　　　　　　(h) 24m水深

图 6-28　T2-Ⅱ-1 地震作用下边坡的第一有效主应力（扫描前言二维码查看彩图）

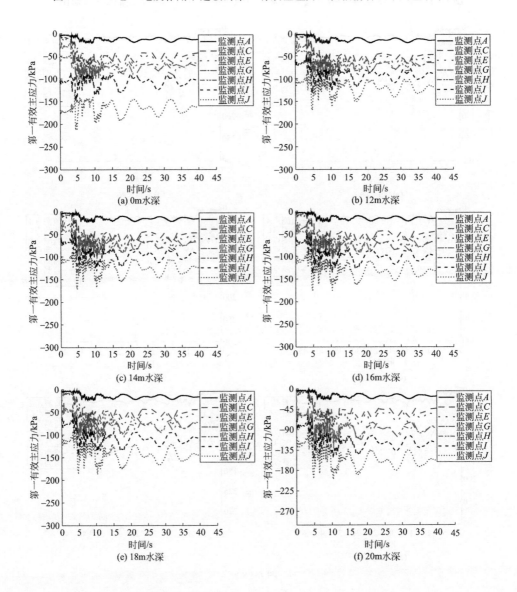

(a) 0m水深　　　　　　　　　　　　(b) 12m水深

(c) 14m水深　　　　　　　　　　　　(d) 16m水深

(e) 18m水深　　　　　　　　　　　　(f) 20m水深

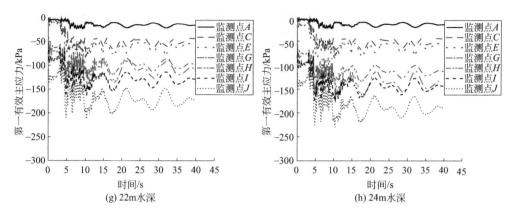

图 6-29 T2-Ⅱ-3 地震作用下边坡的第一有效主应力（扫描前言二维码查看彩图）

由图 6-25～图 6-29 可知，随着地下水位的升高，在不同类型地震作用下边坡的第一有效主应力整体呈现增大的趋势，EICentro 地震作用下水位高度 24m 时的第一有效主应力在监测点 A、C、E、G、H、I、J 位置比 0m 水位时分别增大了 8.7%、3.27%、1.75%、1.50%、1.53%、1.50% 和 0.4%。远场地震 T1-Ⅱ-1 作用下边坡不同监测点的第一有效主应力在监测点 A、C、E、G、H、I、J 位置比 0m 水位时分别增大了 10.53%、5.69%、3.19%、25.04%、10.48%、10.94% 和 9.88%；T1-Ⅱ-3 作用下边坡不同监测点的第一有效主应力在监测点 A、C、E、G、H、I、J 位置比 0m 水位时分别增大了 4.0%、2.12%、0.8%、30.59%、11.57%、15.49% 和 21.24%。近场地震 T2-Ⅱ-1 作用下边坡不同监测点的第一有效主应力在监测点 A、C、E、G、H、I、J 位置比 0m 水位时分别增大了 0.21%、0.7%、11.46%、38.10%、19.96%、17.68% 和 18.31%；T2-Ⅱ-3 作用下边坡不同监测点的第一有效主应力在监测点 A、C、E、G、H、I、J 位置比 0m 水位时分别增大了 9.40%、1.11%、8.84%、37.79%、24.42%、14.57% 和 7.46%。由此可知，随着地下水位的增加，边坡的第一有效应力减小，在近场地震作用下其减小幅度要大于远场地震和 EICentro 地震作用下的减小幅度，而在不同地下水位的远场地震作用下，边坡的第一有效主应力要大于近场地震作用，说明随着地下水位的增加，近场地震作用下边坡更容易发生失稳破坏。

提取沿边坡高度的最小主应力，如图 6-30～图 6-34 所示。

由图 6-30～图 6-34 可知，随着地下水位的升高，在不同类型地震作用下边坡的第三有效主应力整体呈现增大的趋势，EICentro 地震作用下水位高度 24m 时的第三有效主应力在监测点 A、C、E、G、H、I、J 位置比 0m 水位时分别增大了 65.04%、1.27%、5.28%、54.18%、29.85%、15.97% 和 3.93%。远场地震 T1-Ⅱ-1 作用下边坡不同监测点的第三有效主应力在监测点 A、C、E、G、H、I、J 位置比 0m 水位时分别增大了 1.23%、3.20%、6.46%、25.56%、10.84%、11.28% 和 10.19%；T1-Ⅱ-3 作用下边坡不同监测点的第三有效主应力在监测点 A、C、E、G、H、I、J 位置比 0m 水位时分别增大了 5.04%、2.21%、0.5%、29.94%、12.15%、16.22% 和 22.09%。近场地震 T2-Ⅱ-1 作用下边坡不同监测点的第三有效

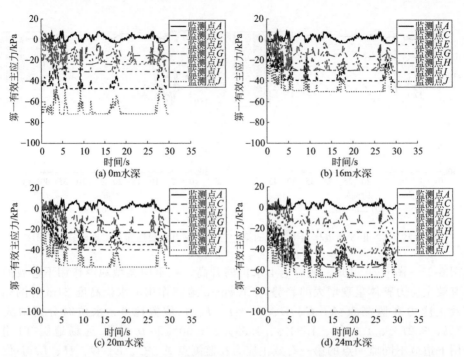

图 6-30　EICentro 地震下沿着边坡高度的第三有效主应力（扫描前言二维码查看彩图）

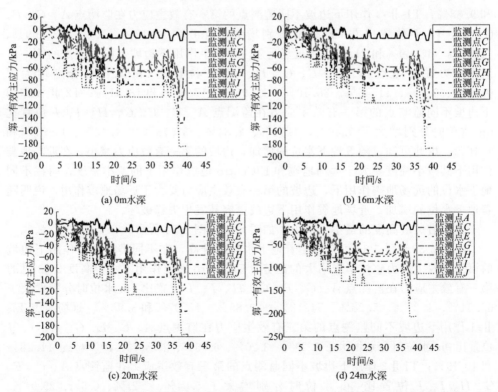

图 6-31　T1-Ⅱ-1 地震下沿着边坡高度的第三有效主应力（扫描前言二维码查看彩图）

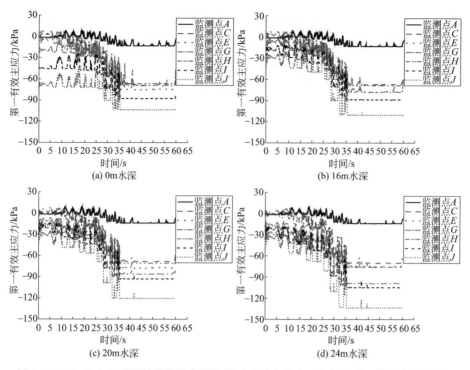

图 6-32　T1-Ⅱ-3 地震下沿着边坡高度的第三有效主应力（扫描前言二维码查看彩图）

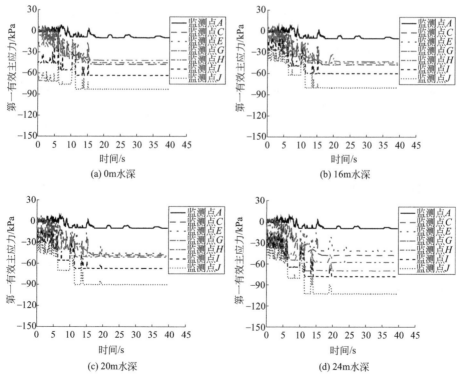

图 6-33　T2-Ⅱ-1 地震下沿着边坡高度的第三有效主应力（扫描前言二维码查看彩图）

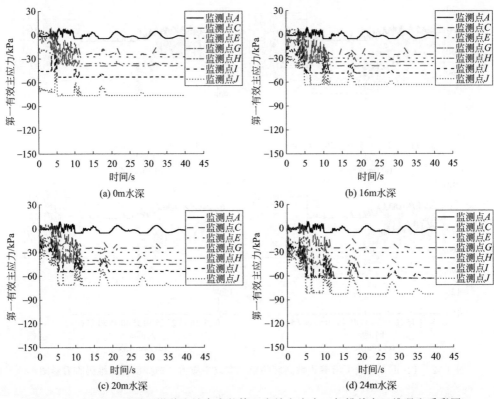

图 6-34 T2-Ⅱ-3 地震下沿着边坡高度的第三有效主应力（扫描前言二维码查看彩图）

主应力在监测点 A、C、E、G、H、I、J 位置比 0m 水位时分别增大了 0.4%、0.7%、14.77%、39.92%、21.26%、18.69%和 19.25%；T2-Ⅱ-3 作用下边坡不同监测点的第三有效主应力在监测点 A、C、E、G、H、I、J 位置比 0m 水位时分别增大了 15.33%、1.28%、0.98%、38%、26.15%、15.54%和 8.11%。因此，地下水的存在将会导致边坡第三有效主应力的改变，在实际工程中应该予以注意。

6.4 不同地下水位对边坡动力安全系数的影响分析

在地震作用下边坡的安全系数将随着地震的持续作用不断地波动，因此其安全系数将不再为一定值，因此，为了研究地下水位变化对边坡安全系数的影响规律，下面分别计算了不同地震作用下边坡在不同水位下的安全系数，如图 6-35 所示。

由图 6-35 可知，在不同类型地震作用下边坡的安全系数处于不断波动的状态，其并非为一定值。随着水深的增加，边坡的安全系数出现减小的趋势，当 $H=24\text{m}$ 时其安全系数比无水时明显减小，对边坡的稳定性影响极为不利。在 ElCentro 地震作用下边坡不同水深时的动力最小安全系数分别是 1.44（$H=16\text{m}$）、1.13（$H=20\text{m}$）和 0.45（$H=24\text{m}$），分别是无水时（1.65）的 87%、68%和 27%。在远场地震 T1-Ⅱ-1 作用下边坡不同水深时的动力最小安全系数分别是 1.27（$H=16\text{m}$）、0.96

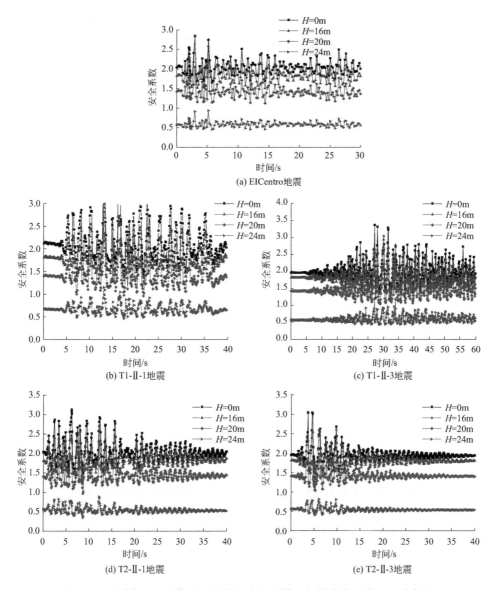

图 6-35　不同类型地震作用下边坡的安全系数（扫描前言二维码查看彩图）

（$H=20$m）和 0.45（$H=24$m），分别是无水（1.38）时的 92%、69%和 32%；在 T1-Ⅱ-3 作用下边坡不同水深时的动力最小安全系数分别是 1.32（$H=16$m）、1.04（$H=20$m）和 0.43（$H=24$m），分别是无水（1.41）时的 94%、74%和 30%。在近场地震 T2-Ⅱ-1 作用下边坡不同水深时的动力最小安全系数分别是 1.33（$H=16$m）、0.97（$H=20$m）和 0.35（$H=24$m），分别是无水（1.49）时的 89%、65%和 23%；在 T2-Ⅱ-3 作用下边坡不同水深时的动力最小安全系数分别是 1.33（$H=16$m）、1.03（$H=20$m）和 0.41（$H=24$m），分别是无水（1.46）时的 91%、71%和 28%。且在远场地震作用下边坡的安全系数降低幅度要大于近场地震，因此，远场地震对边坡安全系数的影响也不容忽略。

计算边坡在 T1-Ⅱ-1、T1-Ⅱ-3、T2-Ⅱ-1 和 T2-Ⅱ-3 作用下无地下水及水深 $H=20\text{m}$ 时的动力安全系数，并与《铁路工程抗震设计规范》（GB 50111—2006）中的拟静力法计算的边坡安全系数进行对比分析，结果如图 6-36 所示。

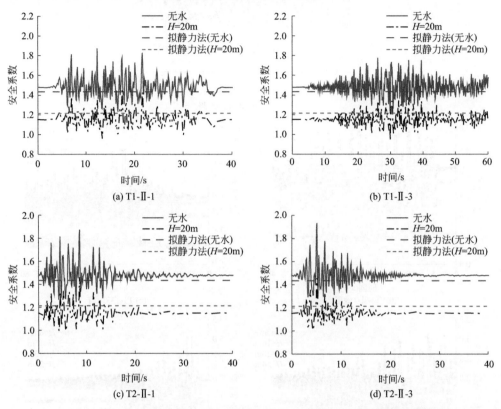

图 6-36　近远场地震作用下边坡的安全系数（扫描前言二维码查看彩图）

由图 6-36 可以看出，地震作用下边坡的安全系数随着地震的持续作用上下波动，而规范中的拟静力法计算的边坡安全系数为一定值，在边坡无水时拟静力法计算的安全系数曲线位于动力安全系数曲线的中部偏下，有地下水影响时，随着地下水位的升高，拟静力法计算的安全系数曲线开始移向动力安全系数曲线的中部偏上；且无水时，动力安全系数的最小值比拟静力法的静力安全系数大。在 T1-Ⅱ-1 地震作用时减小了 14.19%，T1-Ⅱ-3 地震作用时减小了 15.80%，T2-Ⅱ-1 地震作用时减小了 13.14%，T2-Ⅱ-3 地震作用时减小了 10.79%。$H=20\text{m}$ 时，动力安全系数的最小值比拟静力法的安全系数在 T1-Ⅱ-1 地震作用时减小了 21.30%，T1-Ⅱ-3 地震作用时减小了 22.90%，T2-Ⅱ-1 地震作用时减小了 18.13%，T2-Ⅱ-3 地震作用时减小了 17.08%。因此，在有地下水影响时，基于拟静力法计算的边坡安全系数进行边坡地震稳定性评价时过于保守。地下水位 $H=20\text{m}$ 时，边坡的动力安全系数比无水时明显降低，在 T1-Ⅱ-1 地震作用时最大减小了 27.60%，T1-Ⅱ-3 地震作用时减小了 29.60%，T2-Ⅱ-1 地震作用时减小了 26.98%，T2-Ⅱ-3 地震作用时减小了 25.51%。上述说明地下水的存在对边坡稳定性具有较大的影响。

6.5 本章小结

基于弹塑性时程分析对无地下水时候边坡进行了模态分析，明确了边坡的动力特性；研究了不同地下水位对边坡动力响应的影响，明确了不同地下水位对边坡加速度、位移和应力-应变的影响规律；最后研究了不同地下水位下边坡的动力安全系数的变化规律，并与规范中的拟静力法计算的边坡安全系数进行了对比分析，得到的主要结论如下。

① 地震作用下，随着地下水位的升高，沿边坡高度最大水平加速度出现减小的趋势，说明地下水的存在一定程度上具有减震作用。在近远场地震作用下水平峰值加速度沿着边坡高度出现不同的变化趋势：远场地震作用下，水平峰值加速度在不同水深下随着边坡高度的增加总体呈现增大的趋势，且在边坡顶部达到最大值，表现出明显的动力反应的"鞭梢"效应；在近场地震作用下边坡的峰值加速度均随着边坡高度的增加呈现出先减小后增大的趋势，且最小值出现边坡坡中，之后随着边坡高度的增加，在边坡坡顶达到最大值。

② 地下水的存在使得边坡土体对高频段地震波的滤波现象更为明显，对地震波低频段的能量起到放大作用。当地震波从坡底入射，经过边坡传播后，其自身的频谱特性会发生一定的改变，具体表现为：坡体由下到上（坡脚、坡中和坡顶）各点对应的加速度反应谱值呈现增大的现象，其频率大小主要在 $1\sim3\mathrm{Hz}$ 范围内，而在 $3\sim10\mathrm{Hz}$ 范围逐内各点对应的加速度反应谱值呈现减小的现象。

③ 近远场地震作用下边坡有地下水时坡面处最大水平位移明显比无水时偏大，近场地震作用下有坡面处的最大水平位移要大于远场地震作用；随着地下水位的升高，边坡坡面处的最大水平位移均表现出增大的趋势，且随着边坡高度的增加有减小的趋势；远场地震作用对边坡坡脚位置变形影响较大，而近场地震作用对边坡坡顶位置变形影响较大。因此，地震作用下坡肩顶和坡趾位置均应作为重点防护位置。此外，边坡最大水平位移在远场地震作用下要大于近场地震作用，因此，在对边坡进行抗震加固时远场地震作用应该予以重视。

④ 近远场地震作用下，边坡坡脚的剪应力、剪应变表现出滞回性能，且随着地震的持续作用，由于边坡发生了明显的塑性变形，其滞回平衡位置不断地改变。随着水深的增加，地下水对边坡坡脚的剪应力和剪应变影响逐渐增大，且远场地震作用时在不同水深下边坡坡脚的剪应力、剪应变值均较大，说明远场地震对边坡坡脚的抗剪能力的影响要大于近场地震。

⑤ 地下水的存在，尤其是较高水位时，对边坡安全系数的影响显著。在边坡无地下水时，拟静力法计算的安全系数曲线位于动力安全系数曲线的中部偏下，动力安全系数的最小值比拟静力法的静力安全系数大。有地下水影响时，随着地下水位的升高，拟静力法计算的安全系数曲线开始移向动力安全系数曲线的中部偏上。因此，当地下水位升高时，拟静力法计算的边坡安全系数将具有一定的潜在风险性。

第7章

不同地下水位下砂质边坡的振动台试验研究

7.1 概述

目前能够进行饱和土动力计算的成熟软件极少，因所有商业软件都不同时含有土骨架和孔隙水两相介质的惯性力项。饱和土动力问题在数学上可认为是低频问题，可以用单相介质来代替，同时，超静孔隙水压力可以通过单相体的体积应变来近似求取，即渗透系数不大时，孔隙水可认为不会自由流动，那么超静孔压就是由于土骨架的体积压缩产生的水压升高。因此，数值仿真软件，例如 Plaxis，以及其他一些商业软件，都可以用于此类问题分析。但是由于这一问题的复杂性，在进行理论分析和数值模拟时都有某种程度的假定，因此需要通过室内试验进行验证。

基于此，本章通过对国内外文献分析，在不考虑动孔隙水压力影响及考虑动孔隙水压力影响的砂质边坡动力响应的研究基础上，进行了地下水和砂质边坡相互作用的地室内大型振动台试验研究。试验中，尽可能地满足试验模型与实际工程中边坡的相似比关系，采用海绵来防止地震波的反射。在地震荷载激励下，分别进行了有地下水和无地下水时砂质边坡的振动台试验，用以对比不同荷载类型下，地下水对砂质边坡动力响应的影响程度。

7.2 地震模拟振动台

7.2.1 地震模拟振动台的发展历史

地震模拟振动台试验是研究结构地震破坏机理和破坏模式、评价结构整体抗震能力和衡量减震、隔震效果的重要手段和方法。地震模拟振动台试验被广泛应用于研究结构的动力特性、设备抗震性能、检验结构抗震措施等方面，同时在原子能反应堆、海洋结构工程、水工结构、桥梁工程等领域也起着重大作用。到目前为止，世界上最大的三维地震模拟振动台为日本兵库县国家防灾科学技术研究所的 E-Defense（图 7-1），能同时在上下、左右、前后三个方向运动。该振动台建造于 2005 年，台面尺寸 20m×15m，承载能力 1200t。

图 7-1　日本三维地震模拟振动台 E-Defense

2018 年，我国地震工程领域首个国家重大科技基础设施——大型地震工程模拟研究设施（图 7-2）由国家发改委正式批复立项。该设施由天津大学牵头在天津启动建设，是我国投入巨资打造的又一"国之重器"是建设尺寸和载重量更大的地震模拟振动台，台面尺寸 20m×16m，载重 1350t，是能同时模拟地震与水下波流耦合作用的振动台台阵试验装置。该设施建成后，将超越日本的 E-Defense 成为世界上最大的三维地震模拟振动台，此外，它将对全世界开放，实行设施、数据、成果共享，可以吸引世界上更多的科学家和工程技术专家来这里共同工作，为科学技术发展做出贡献，可大幅提升我国工程技术领域的创新能力和水平。

日本在世界地震工程学界发挥领导作用的原因主要是由于其抗震理论受到实际地震的验证，这有力地促进了抗震理论的发展。日本作为地震多发国家，在资料的积累方面，不仅质量高，而且数量多，这就促进了日本具有自己特点的地震工程学的发展。大型振动台可以再现结构在地震作用过程中的破坏倒塌全过程，弥补了我国地震工程学界资料累计不足的缺点。

最初的抗震试验研究主要在室外进行，是将强震观测仪器设置在地震区的房屋等结构上，等地震到来时观测记录房屋结构在强地震作用下的反应。由于强地震稀少，靠在地震区建筑物上进行强地震观测来获取地震反应的数据机会非常少，且试验周期长，满足不了抗震研究的发展需要。而地震模拟振动台试验是真正意义上的地震模拟试验，台面上可以真实地再现各种形式的地震波，结构在地震作用下的破

图 7-2　我国地震模拟振动台（天津大学筹建）

坏机理也可以直观地被了解，是目前研究结构抗震性能最直接、也是较准确的试验方法。通过地震模拟振动台进行工程结构的地震反应分析，还原结构地震作用下的灾害过程，不仅为工程结构的抗震减灾技术发展提供了重要的理论支撑，还将为现代抗震理论体系的创新和完善夯实理论基础。

20 世纪 70 年代以来，为进行结构的地震模拟试验，国内外先后建立起了一些大型的模拟地震振动台。模拟地震振动台与先进的测试仪器及数据采集分析系统配合，使结构动力试验的水平得到了很大的发展与提高，并极大地促进了结构抗震研究的发展。

在世界上最早建造振动台的是多地震的日本和美国，1970 年，日本国立防火科学科技中心建立 15m×15m 的振动台，1971 年，美国加州大学伯克利分校建立 6.1m×6.1m 的振动台。早期建立的振动台运动形式简单，通常为一个自由度或两个自由度。另外，墨西哥、加拿大、法国、英国、伊朗、德国等国在 20 世纪 70 年代中期以后也逐步建造了地震模拟振动台。目前世界上已经建立了几百座地震模拟振动台。

中国地震模拟振动台建设开始于 20 世纪 60 年代。1960 年中国地震局工程力学研究所建造的台面尺寸为 1.2m×3.3m 的地震模拟振动台，是早期的地震模拟振动台之一。20 世纪 70 年代开始我国继续开展振动台的研究工作，并获得了较快发展，已开始研制单向电液式伺服控制振动台，振动台的国外引进量也大大减少，只有当试验要求较高时才引进国外生产的振动台。国内研制振动台的单位主要有中国建筑科学研究院、西安交通大学、哈尔滨工业大学工程力学研究所和天水红山试验机厂等。我国典型振动台的建设情况如表 7-1 所示。

表 7-1 我国典型振动台的建设情况

建设时间	建设单位	台面尺寸 /m×m	最大模型量 /t	工作频率 /Hz	最大加速度 /g①	振动方向
20世纪 70年代	中国建筑科学研究院	1.5×1	3	0.1～30	1.0	单向振动
	中国铁道科学研究院	1.5×2	2	0～80	2.0	单向振动
	南京水利科学研究院	2×2	1	10～300	1.0	单向振动
	中国地震局工程力学研究所	1.2×1.2	0.75	0～50	1.0	单向振动
20世纪 80年代	中国地震局工程力学研究所	5×5	30	0.1～50	1.0	三向振动
	中国水利水电科学研究院	5×5	20	0.1～120	1.0	三向振动
	同济大学	4×4	15	0.1～50	1.2	双向振动
	哈尔滨建筑大学	4×3	15	0.1～25	1.0	单向振动
	中国建筑科学研究院	3×3	15	0.1～20	1.0	单向振动
	大连理工大学	3×3	10	0.2～50	1.0	双向振动
20世纪 90年代	邮电部抗震所	1.5×2	2	0.4～50	2.0	单向振动
	上海青年文化活动中心	5×5	5	0.1～15	0.5	双向振动
	同济大学	4×4	15	0.1～50	1.2	三向振动
2000年后	北京工业大学	3×3	10	0.1～50	1.0	单向振动
	成都核动力院	6×6	60	0.1～50	1.0	三向六自由度
	重庆公路所	6×3	20	0.1～50	1.0	三向六自由度
	中国建筑科学研究院	6×6	60	0～50	1.5	三向六自由度
	哈尔滨工业大学	2×4	7	0.5～80	1.5	三向六自由度
	中国核动力研究设计院	6×6	70	0～100	3.0	三向六自由度
	东南大学	4×6	25	0.1～50	3.0	单向
	东菱振动试验仪器有限公司	4.5×4	150	5～1500	3.0	单向

注:表中部分建筑单位历经沿革,单位名有所改变,本表中仅列出建设设施时的单位名。
① g 为重力加速度。

7.2.2 地震模拟振动台的工作原理

地震模拟振动台系统是一个复杂的装置,主要由振动台台面、液压驱动和动力系统、测试和分析系统、控制系统组成。图 7-3 为地震模拟振动台系统的工作原理示意图。

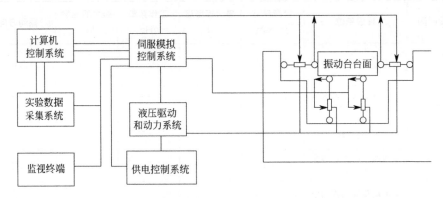

图 7-3　地震模拟振动台系统的工作原理示意图

　　振动台台面的无限制的运动形式是六自由度的运动形式，即平动的三个自由度运动形式和旋转的三个自由度运动形式。平动的三个自由度运动形式为：沿 X 向的横向运动（X 向）、沿 Y 向的纵向运动（Y 向）和沿 Z 向的垂直运动（Z 向）。旋转的三个自由度运动形式为：绕 X 轴的转动（Roll）、绕 Y 轴的转动（Pitch）以及绕 Z 轴的转动（Yaw）。一般是由不同的作动器（水平作动器和垂直作动器）来控制其运动的六自由度振动，如图 7-4 所示。

　　振动台台面具有一定的厚度和刚度，截面形式可以是圆形和矩形，截面尺寸根据试验的需求来确定。为了使振动台很好地模拟地震底面运动，通常需要安装多个作动器来协调推动振动台运动。驱动设备分为机械式和电液伺服式，目前，广泛应用的是电液伺服驱动方式，它可以提供足够大的推力。推力是由振动台和试件的质量之和与振动加速度共同决定的。地震模拟振动台主要采用模拟控制和数字计算机控制。模拟控制是将地震地面运动的位移反馈到作动器的驱动中，地震记录的数据主要是地震的加速度，此时，我们可以对加速度分别进行一次积分和两次积分来得到速度和位移，然后将它们输入到计算机，转化为按地震地面运动的形式驱动振动台运动的控制信号，从而实现地震地面运动的模拟。

　　为了满足国家社会经济发展规划、城市规划和建设工程抗震设计等需求，我国迄今为止已编制完成了五代全国地震区划图，颁布了国家标准《工程场地地震安全性评价》（GB 17741—2005），开展了全国地震活动断层探察，建立了国家强震动观测台网等。自 20 世纪 80 年代，尤其是我国海域及滨海地区建设工程的种类和数量越来越多，包括海洋石油平台、海底输油（气）管道、海底通信设施、跨海大桥、人工岛、港口码头、核电站等，这些工程均属重大建设工程或产生严重次生灾害的工程，必须考虑地震灾害的影响。针对重大工程（核电、水库大坝、输油管线、铁路和重要建构筑物等），我国已分别颁布了相关法规和规范，建立了比较完善的抗震设防管理体系。但当前海域地震区划、海域工程抗震设防技术等相关地震工程问题尚未进行细致研究，上述法规规范和管理体系难以适用于海域工程。

　　模拟地震振动台可以很好地再现地震过程和进行人工地震波的试验，它是在试

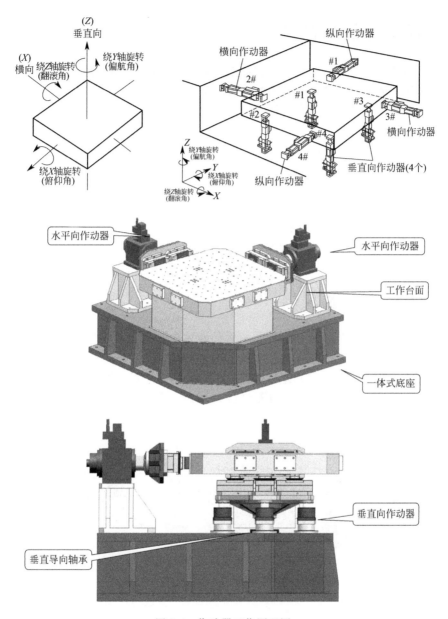

图 7-4　作动器工作原理图

验室中研究结构地震反应和破坏机理最直接的方法，这种设备还可用于研究结构动力特性、设备抗震性能以及检验结构抗震措施等内容。另外它在原子能反应堆、海洋结构工程、水工结构、桥梁工程等方面也都发挥了重要的作用，而且其应用的领域仍在不断地扩大。模拟地震振动台试验方法是目前抗震研究的重要手段之一，可以拓展我国地震工程的研究领域，提升我国在地震工程相关学科领域的学术地位和影响力。

7.3 试验目的与内容

边坡振动台试验的目的在于研究边坡在地震激励作用下的动力响应特征，通过有地下水和无地下水条件下的动力响应特征进行对比，分析总结地下水对边坡稳定性的影响。通过边坡在振动台的试验，再现地震作用下边坡的破坏失稳过程。

具体的试验目的如下。

① 了解不同地震动形式对砂质边坡动力响应的影响规律。

② 了解不同地下水位高度对砂质边坡地震动力响应的影响规律。

③ 通过振动台试验验证前文推导的考虑动孔隙水压力影响的永久位移简化计算式、永久位移和安全系数的拟合关系式以及动孔隙水压力的拟合关系式的准确性。

④ 通过振动台试验验证前文数值模拟的准确性。

⑤ 分析地震作用下，地下水位变化对砂土边坡破坏模式的影响。

7.4 试验设备及仪器

本试验依托北京科技大学结构实验室的液压振动台（见图 7-5）进行。实验室的地震模拟振动台主要由液压台控制仪、油源泵站、水平振动台组成。为了实现地震模拟试验和监测试验，需要进行多通道结构数据的采集与测试，为此配置了多通道数据采集系统（图 7-6）和振动测试分析系统。其中振动台的主要技术指标如表 7-2 所示。

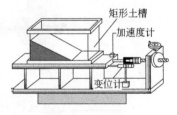

(a) 振动台　　　　　　　　(b) 液压油泵　　　　　　　　(c) 振动台简化图

图 7-5　ES-15 液压振动台

图 7-6　多通道数据采集系统

表 7-2　振动台技术指标

参数	振动台型号	最高而定工作频率	最大试验负载	最大加速度	台面尺寸
技术指标	ES-15/KE-2000	40Hz	5000kg	$\geqslant 20\mathrm{m/s}^2$（空载），$10\mathrm{m/s}^2$（负载为 5000kg 时）	1.5m×1.5m

模型箱主要是为后期边坡的振动台试验（地震和地下水）进行准备，振动台振动为单方向，因此在振动方向采用钢板制作，在平行于振动的方向一面采用透明的有机玻璃板，用来观察模型的破坏过程。模型箱如图 7-7 所示。

图 7-7　大型模型箱

7.5　模型设计相似准则

模型设计的主要内容包括：根据相似条件确定模型的相似常数，然后根据相似常数确定模型材料。本研究根据原型边坡的物理参数选取相应的模型材料。

7.5.1　边坡模型的相似条件

（1）几何条件
几何条件相似要求原型和试验模型的几何尺寸保持相似。因此，原型边坡和模型边坡的长度（L）、面积（A）和体积（V）之间分别有以下关系，如式（7-1）所示

$$A = L^2$$
$$V = L^3 \tag{7-1}$$

（2）运动条件
原型和模型的运动条件相似指的是原型和模型的空间点在对应时刻上速度的大小成比例，方向一致。原型和模型的速度、加速度和位移分别满足以下关系式，如式（7-2）所示

$$[\dot{u}] = \frac{\mathrm{d}[u]}{\mathrm{d}t}$$
$$[\ddot{u}] = \frac{\mathrm{d}[\dot{u}]}{\mathrm{d}t} = \frac{\mathrm{d}^2[u]}{\mathrm{d}t^2} \tag{7-2}$$
$$[u]^\mathrm{T} = [u_x, u_y, u_z]$$

式中　t——时间；

$[u]^T$——土体位移向量。

(3) 物理条件

物理条件相似要求原型与试验模型的物理力学特性以及相应的力学响应必须相似。原型与模型要满足如下的关系式，如式（7-3）～式（7-6）所示。

① 土体的有效应力原理

$$[\sigma'] = [\sigma] - [m]p \tag{7-3}$$

$$[m]^T = (1,1,1,0,0,0) \tag{7-4}$$

$$[\sigma]^T = (\sigma_x, \sigma_y, \sigma_z, \tau_{xy}, \tau_{yz}, \tau_{zx}) \tag{7-5}$$

$$[\sigma']^T = (\sigma'_x, \sigma'_y, \sigma'_z, \tau'_{xy}, \tau'_{yz}, \tau'_{zx}) \tag{7-6}$$

式中　σ——应力；

　　　τ——剪应力；

　　　m——质量；

　　　σ'——有效应力；

　　　$[\sigma]^T$——土体单元总应力向量；

　　　$[\sigma']^T$——土体单元有效应力向量；

　　　p——孔隙水压力。

② 土体变形几何方程

$$[d\varepsilon] = [L]du \tag{7-7}$$

$$[\varepsilon]^T = (\varepsilon_x, \varepsilon_y, \varepsilon_z, \gamma_{xy}, \gamma_{yz}, \gamma_{zx}) \tag{7-8}$$

$$[u]^T = (u_x, u_y, u_z) \tag{7-9}$$

式中　　　　ε——应变；

　　　　　　L——几何长度；

　　　　　　u——位移；

　　ε_x，ε_y，ε_z——x、y、z 方向的应变；

γ_{xy}，γ_{yz}，γ_{zx}——z、x、y 方向的剪应变；

　u_x，u_y，u_z——x、y、z 方向的位移。

③ 土体本构关系。土体的本构关系以应力应变关系的切线或割线模型表示，有以下的关系，如式（7-10）～式（7-12）所示

$$[d\sigma']^T = [D][d\varepsilon] \tag{7-10}$$

$$K = \frac{E}{3(1-2\mu)} \tag{7-11}$$

$$G = \frac{E}{2(1+\mu)} \tag{7-12}$$

式中　　$[D]$——切线或者割线模量矩阵；

　　　　K——切线或者割线的体积模量；

　　　　G——切线或者割线的剪切模量；

　　　　E——切线或者割线的杨氏模量；

　　　　μ——切线或者割线的泊松比。

(4) 动力平衡条件

土体的动力平衡方程，如式（7-13）和式（7-14）所示

$$[L]^{T}[\sigma]+\rho[g]=\rho[\ddot{u}] \qquad (7\text{-}13)$$

$$[g]^{T}=(0,-g,0) \qquad (7\text{-}14)$$

式中　ρ——土体天然密度；

　　$[g]^{T}$——重力加速度；

　　L——几何长度；

　　σ——应力；

　　$\ddot{u}$——水平加速度。

（5）相似常数

假设原型和试验模型的物理力学现象相似，则可得到如下计算式。

① 原型和模型之间的几何相似比如式（7-15）所示

$$C_{l}=\frac{L_{p}}{L_{m}}=\frac{[x]_{p}}{[x]_{m}} \qquad (7\text{-}15)$$

式中　p——原型；

　　C_{l}——几何相似系数；

　　x——x 向长度；

　　m——试验模型。

② 土体的相似常数：土体的位移相似常数 C_{u}、土体的速度相似常数 $C_{\dot{u}}$ 和土体的加速度相似常数 $C_{\ddot{u}}$，如式（7-16）所示

$$C_{u}=\frac{[u]_{p}}{[u]_{m}}$$

$$C_{\dot{u}}=\frac{[\dot{u}]_{p}}{[\dot{u}]_{m}} \qquad (7\text{-}16)$$

$$C_{\ddot{u}}=\frac{[\ddot{u}]_{p}}{[\ddot{u}]_{m}}$$

③ 土体相似常数：应力相似常数 C_{σ}，应变相似常数 C_{ε}，切线或割线模量相似常数 C_{D}、C_{G} 和 C_{K}、泊松比相似常数 C_{μ} 如式（7-17）所示

$$C_{\sigma}=\frac{[\sigma]_{p}}{[\sigma]_{m}}$$

$$C_{\varepsilon}=\frac{[\varepsilon]_{p}}{[\varepsilon]_{m}}$$

$$C_{G}=\frac{[\varepsilon]_{p}}{[\varepsilon]_{m}}$$

$$C_{D}=\frac{[D]_{p}}{[D]_{m}} \qquad (7\text{-}17)$$

$$C_{K}=\frac{[K]_{p}}{[K]_{m}}$$

$$C_{\mu}=\frac{[\mu]_{p}}{[\mu]_{m}}$$

④ 时间相似常数 C_t，重力加速度相似常数 C_g，密度相似常数 C_ρ，如式 (7-18) 所示

$$C_t = \frac{t_\mathrm{p}}{t_\mathrm{m}}$$

$$C_g = \frac{[g]_\mathrm{p}}{[g]_\mathrm{m}} \qquad (7\text{-}18)$$

$$C_\rho = \frac{\rho_\mathrm{p}}{\rho_\mathrm{m}}$$

7.5.2 边坡模型的相似规律

基于前节相似条件的相似变换，可得到原型和试验模型之间的相似规律。

(1) 几何相似条件

将式 (7-15) 代入式 (7-1) 进行相似变换，可得几何相似条件，如式 (7-19) 所示

$$C_A = C_l^2$$

$$C_V = C_l^3 \qquad (7\text{-}19)$$

式中　C_A——面积相似常数；

　　　C_V——体积相似常数；

　　　C_l——几何相似常数。

(2) 运动相似条件

将式 (7-16) 代入式 (7-2) 进行相似变换，可得到运动相似条件，如式 (7-20) 所示

$$C_{\dot{u}} = \frac{C_u}{C_t}$$

$$C_{\ddot{u}} = \frac{C_{\dot{u}}}{C_t} \qquad (7\text{-}20)$$

式中　C_u——位移相似常数；

　　　$C_{\dot{u}}$——速度相似常数；

　　　$C_{\ddot{u}}$——加速度相似常数；

　　　C_t——时间相似常数。

(3) 物理相似条件

将式 (7-7) 代入式 (7-2) 和式 (7-10) 进行相似变换，可得到物理相似条件，如式 (7-21) 所示

$$C_\mu = 1$$

$$C_D = C_G = C_K$$

$$C_u = C_l C_\varepsilon \qquad (7\text{-}21)$$

$$C_\sigma = C_D C_\varepsilon$$

式中　　　　　C_μ——泊松比相似常数；

$$C_D,\ C_G,\ C_K \text{——模量相似常数；}$$
$$C_u \text{——位移相似常数；}$$
$$C_\sigma \text{——应力相似常数；}$$
$$C_\varepsilon \text{——应变相似常数。}$$

(4) 动力相似条件

将式（7-18）代入式（7-13）中，可得到动力相似条件，如式（7-22）所示

$$C_\sigma / C_l = C_\rho C_g = C_\rho C_{\ddot{u}} \tag{7-22}$$

式中　C_l——几何相似常数；

　　　C_ρ——密度相似常数；

　　　$C_{\ddot{u}}$——加速度相似常数。

7.5.3　边坡模型的相似率

通过以上分析可以得到边坡模型的相似率。

① 边坡模型材料的抗剪强度 τ_f 满足摩尔-库仑定律，如式（7-23）所示

$$\tau_f = \sigma \tan\phi + c \tag{7-23}$$

式中　σ——应力；

　　　ϕ——内摩擦角；

　　　c——黏聚力。

为了使得边坡的试验模型的破坏模式与实际相似，需要原型和试验模型的抗剪强度满足相似条件，故设式（7-24）

$$C_{\tau_f} = \frac{\tau_{fp}}{\tau_{fm}}$$
$$C_\varphi = \frac{\phi_p}{\phi_m} \tag{7-24}$$
$$C_c = \frac{c_p}{c_m}$$

式中　C_c——黏聚力相似系数。

代入式（7-1）进行相似变换，则有式（7-25）

$$C_{\tau_f} = C_\rho C_\varphi = C_c \tag{7-25}$$

由于要求

$$C_{\tau_f} = C_\rho = C_c$$

因此必须有式（7-26）

$$C_\varphi = 1 \tag{7-26}$$

② 在地球重力场下进行振动台试验，原型和模型的重力加速度相等，则由土体的动力平衡相似条件得到式（7-27）

$$C_{\ddot{u}} = C_g = 1 \tag{7-27}$$

③ 考虑原型边坡和模型边坡的几何相似，假定原型和模型的侧压力系数及泊松比相同，则边坡深度 h 处某点的垂直应力为 σ_v，可得到式（7-28）

$$C_{\sigma v} = \frac{\sigma_{vp}}{\sigma_{vm}} \tag{7-28}$$

$$C_l = \frac{h_p}{h_m}$$

则进一步可得式（7-29）

$$C_{\sigma v} = \frac{\rho_p g h_p}{\rho_m g h_m} = C_\rho C_l \tag{7-29}$$

④ 只考虑边坡的剪切变形时，边坡的应力应变关系可采用经验公式表示，如式（7-30）～式（7-33）所示

$$\frac{G}{G_{max}} = f_1\left(\frac{r}{r_r}\right), \xi = f_2\left(\frac{r}{r_r}\right) \tag{7-30}$$

$$G = \frac{\tau}{r}, G_{max} = AP_a\left(\frac{\sigma}{P_a}\right)^{\frac{1}{2}}, A = 625\frac{OCR^k}{0.3 + 0.7e^2} \tag{7-31}$$

$$r_r = \frac{\tau_{max}}{G_{max}} \tag{7-32}$$

$$\tau_{max} = \left\{\left[\frac{(1+K)}{2}\sigma_v \sin\varphi + c\cos\varphi\right] - \left[\frac{1-k}{2}\sigma_v\right]^2\right\}^{\frac{1}{2}} \tag{7-33}$$

式中　G_{max}——小应变时土体单元的最大剪切模量；

P_a——大气压力；

A——与土体的密度有关的无量纲系数；

r——剪应变；

τ——剪应力；

σ——应力；

G——对应剪应力和剪应变的割线或切线模量；

ξ——剪应变为 r 时的阻尼比；

r_r——参考剪应变；

OCR——超固结比；

k——与塑性指数 I_p 有关的常数，当 $I_p=0$、20、40、60、80 和 $\geqslant 100$ 时，k 分别为 0.0、0.18、0.31、0.41、0.48 和 0.50；

K——侧压力系数；

τ_{max}——极限抗剪强度。

通过对式（7-30）～式（7-33）的相似变换（同类物理量相似常数相等），可得到以下的相似关系式，如式（7-34）～式（7-39）所示

$$C_\sigma = C_\tau, C_\varepsilon = C_\gamma, C_G = C_{G\,max} \tag{7-34}$$

$$C_\gamma = C_{\gamma_\gamma}, C_\xi = 1 \tag{7-35}$$

$$C_G = C_{G\,max} = C_A C_\rho^{\frac{1}{2}} C_l^{\frac{1}{2}} \tag{7-36}$$

$$C_\tau = C_{\tau max} = C_\sigma = C_\rho C_l = C_c \tag{7-37}$$

$$C_\varphi = 1 \tag{7-38}$$

$$C_\gamma = C_\tau C_G^{-1} = C_\rho^{\frac{1}{2}} C_l^{\frac{1}{2}} C_A^{-1} \tag{7-39}$$

式中　C_τ——剪应力相似系数；

　　　　C_γ——剪应变相似系数；

　　$C_{G\max}$——最大动剪切模量相似系数；

　　　　C_{γ_γ}——参考剪应变相似系数。

由几何相似条件式和运动条件相似式，可得到式（7-40）～式（7-43）

$$C_u = C_l C_\gamma = C_\rho^{\frac{1}{2}} C_l^{\frac{1}{2}} C_A^{-1} \tag{7-40}$$

$$C_{\dot{u}} = C_\rho^{\frac{1}{2}} C_l^{\frac{3}{2}} C_A^{-1} C_t^{-1} = C_\rho^{\frac{1}{4}} C_l^{\frac{3}{4}} C_A^{\frac{1}{2}} \tag{7-41}$$

$$C_{\ddot{u}} = C_\rho^{\frac{1}{2}} C_l^{\frac{3}{2}} C_A^{-1} C_\tau^{-2} = 1 \tag{7-42}$$

$$C_\tau = C_\rho^{\frac{1}{4}} C_l^{\frac{3}{4}} C_A^{\frac{1}{2}} \tag{7-43}$$

⑤ 土体的双曲线模型能更好地表现动力荷载作用下土体的应力-应变关系，其中骨干曲线方程可表示为[157] 式（7-44）

$$\tau = \frac{G_{\max}\gamma}{(1+\gamma)/\bar{\gamma}} = \frac{G_{\max}\gamma\bar{\gamma}}{\gamma+\bar{\gamma}} \tag{7-44}$$

式中　γ——剪应变；

　　　τ——剪应力；

　　$G_{\max}$——初始剪切模量（$\gamma=0$ 时的剪切模量）；

　　　$\bar{\gamma}$——参考剪应变。

$$\bar{\gamma} = \frac{[\tau]}{G_{\max}}$$

式中　$[\tau]$——剪切破坏强度。

由于边坡振动表现为非线性振动，可将其展开成三阶幂级数进行近似求解[158]，如式（7-45）所示

$$\tau = f(\gamma) = G_{\max} \left[\gamma - \frac{\gamma^2}{\bar{\gamma}} + \frac{\gamma^3}{\bar{\gamma}^2} \right] \tag{7-45}$$

在线弹性假设条件下，单自由度无阻尼自由振动的自振频率与振幅无关。动剪切作用下土层的卓越周期 T 可以表示为式（7-46）

$$T = \frac{\Delta H}{v_s} = \frac{4H}{\sqrt{G/\rho}} \tag{7-46}$$

式中　ΔH——土层厚度；

　　　v_s——剪切波速；

　　　G——剪切模量；

　　　ρ——密度。

可求出与剪应变相关的自振频率 Ω 如式（7-47）所示[159]

$$\Omega = \sqrt{\frac{G_{\max}}{\rho}} \left[1 - \frac{\gamma^2}{24\bar{\gamma}^2} \right] \tag{7-47}$$

由式（7-47）可知，双曲线模型下的自振频率与剪应变大小有关，记 $\beta = 1 -$

$\dfrac{1}{24}\left(\dfrac{\gamma}{\bar{\gamma}}\right)^{2}$，则在非线性下土层共振周期可表示为式（7-48）

$$T=\frac{4H}{\beta\sqrt{G_{\max}/\rho}}\tag{7-48}$$

当原型和模型的 $\dfrac{\gamma}{\bar{\gamma}}$ 一致时，β 相等，此时时间相似率仅与 $G_{\max}$、ρ、H 有关，即应变比的相似率可表示为式（7-49）

$$C_{\frac{\gamma}{\bar{\gamma}}}=1,\text{即为}\ C_{\gamma}=C_{\bar{\gamma}}\tag{7-49}$$

从而可得到振动性态相似的时间相似率为式（7-50）

$$C_{T}=C_{L}C_{\rho}^{\frac{1}{2}}CG_{\max}{}^{-\frac{1}{2}}\tag{7-50}$$

⑥ 相对应力比相似条件。

应力和应变的全过程曲线相似可通过双曲线模型表示，如图7-8所示。由图7-2可知，在双曲线模型和保持归一化剪应变比一致的条件下，相对应力水平相等甚至依赖 $|\tau|$ 和 $G_{\max}$。从理论上讲极限应变 $\gamma_{\max}$ 是 $+\infty$，因此用归一化剪应变比 $\gamma/\bar{\gamma}$ 来进行应变程度衡量更符合实际。根据图7-9和 $C_{\frac{\gamma}{\bar{\gamma}}}=1$ 即为 $C_{\gamma}=C_{\bar{\gamma}}$，可得式（7-51）

$$\gamma_{p}/\gamma_{m}=\bar{\gamma}_{p}/\bar{\gamma}_{m}=(\gamma_{p}+\bar{\gamma}_{p})/(\gamma_{m}+\bar{\gamma}_{m})\tag{7-51}$$

从而可得式（7-52）

$$C_{\tau}=C_{G\max}C_{\bar{\gamma}}=C_{|\tau|}\tag{7-52}$$

式中　$C_{|\tau|}$——动剪切强度的相似比系数。

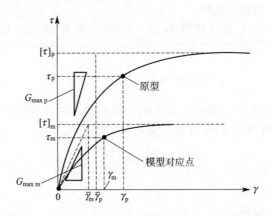

图 7-8　双曲线模型的剪应力-剪应变相似关系[160]

⑦ 剪切模量相似律。

据试验研究[161,162]，归一化后的割线模量，$G/G_{\max}$、阻尼比 λ 与 $\dfrac{\gamma}{\bar{\gamma}}$ 呈现相同的窄带状关系，即 $G/G_{\max}$、阻尼比 λ 与归一化剪应变比有关。同一 $\dfrac{\gamma}{\bar{\gamma}}$ 下，土体具

有相似的 $G/G_{\max}$ 和阻尼比 λ，如图 7-9 所示。因此，$G/G_{\max}$ 和阻尼比 λ 的相似关系仅依赖于原型和模型的 $\dfrac{\gamma}{\bar{\gamma}}$。

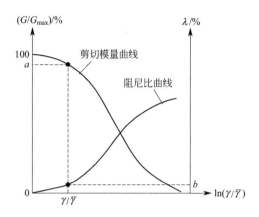

图 7-9　$G/G_{\max}$、阻尼比 λ 与剪应变水平的对应关系[163]

由 $C_{\frac{\gamma}{\bar{\gamma}}}=1$ 即为 $C_\gamma=C_{\bar{\gamma}}$ 及图 7-9 可知，$C_{G/G_{\max}}=1$，即 $C_G=C_{G_{\max}}$，且阻尼比相似系数 $C_\lambda=1$。由于重力作用下压实效应的存在，埋深 z 与 $G_{\max}$ 可表示为 Janbu 的经验公式[164] 式 (7-53)

$$G_{\max}=KP_a\left(\frac{\sigma_0}{P_a}\right)^{\frac{1}{n}}\tag{7-53}$$

式中　K——与土体质量密度有关的无量纲系数；

　　　P_a——标准大气压；

　　　σ_0——平均有效应力；

　　　n——无量纲指数，$1<n<5$，一般 $n=2$。

边坡的平均有效应力 σ_0 与密度 ρ、埋深 z 和侧压力系数 k 有关，见式 (7-54)

$$\sigma_0=\frac{1+k}{2}\rho g z\tag{7-54}$$

式中　g——重力加速度。

因为边坡的外形和原型几何相似，故可以认为侧压力系数相等 $(C_k=1)$，则 $C_{\sigma_0}=C_\rho C_L$，从而可得式 (7-55)

$$C_{G_{\max}}=C_K C_\rho^{\frac{1}{n}} C_L^{\frac{1}{n}}\tag{7-55}$$

⑧ 时间的相似率。

由于 $C_T=C_L C_\rho^{\frac{1}{2}} C{G_{\max}}^{-\frac{1}{2}}$，$C_{G\max}=C_K C_\rho^{\frac{1}{n}} C_L^{\frac{1}{n}}$，可得到时间的相似率，可得式 (7-56)

$$C_T=C_K^{-\frac{1}{2}} C_\rho^{\frac{1}{2n}} C_L^{\frac{2n-1}{2n}}\tag{7-56}$$

⑨ 变形破坏相似下的输入波形幅值比。

由 $C_\tau = C_{G_{max}} C_{\bar\gamma} = C_{|\tau|}$ 和 $C_{G_{max}} = C_K C_\rho^{\frac{1}{n}} C_L^{\frac{1}{n}}$ 可知式（7-57）

$$C_\gamma = C_\gamma C_L = C_{|\tau|} = C_K^{-1} C_\rho^{-\frac{1}{n}} C_L^{-\frac{1}{n}} \tag{7-57}$$

动位移相似比如式（7-58）所示

$$C_\gamma = C_\gamma C_L = C_{|\tau|} C_K^{-1} C_\rho^{-\frac{1}{n}} C_L^{\frac{n-1}{n}} \tag{7-58}$$

动位移相似比如式（7-59）所示

$$C_u = C_\gamma C_L = C_{|\tau|} C_K^{-1} C_\rho^{-\frac{1}{n}} C_L^{\frac{n-1}{n}} \tag{7-59}$$

基于振动相似可得到输入地震波荷载的加速度幅值比，如式（7-60）所示

$$C_a = C_u / C_T^2 = C_{|\tau|} C_\rho^{-2/n} C_L^{-1} \tag{7-60}$$

通过以上的主要物理量的相似比可以推出其他物理量的相似关系式。

7.6 边坡模型的设计

研究不同地下水位高度（无水、0.4m 水位、0.6m 水位和 1.0m 水位）对边坡地震动力响应的影响。根据振动台的尺寸以及模型箱的大小确定模型的尺寸。振动台台面尺寸是 1.5m×1.5m，模型箱尺寸为 1m（宽）×2m（长）×1.5m（高）。取几何相似系数为 1∶12，模型主要相似系数如表 7-3 所示。在堆筑砂土边坡之前，为使砂土尽量地保持均匀，采用铁锹反复多次搅拌。通过在模型箱内壁铺设厚度为 20mm 厚度的海绵来减少地震波在边界处的反射。试验设计边坡模型的长×宽×高为 1.96m×0.96m×1.2m，试验模型如图 7-10 所示。

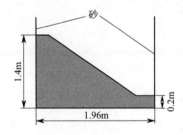

图 7-10   边坡几何图和试验模型图

(1) 模型的边界处理

天然边坡是没有边界的，但是在模型箱中是无法模拟的，室内试验的边坡受到模型箱箱壁的约束，人为地给边坡增加了约束。在边坡振动台试验中，模型箱的边界对边坡的变形限制以及对地震波的反射和散射都将对试验结果产生一定的影响，即所谓的"模型箱效应"。原状土在地震作用下可近似看作为剪切变形，因此，振动台试验中理想的模型箱设计应满足两个条件：一是正确模拟土的边界条件；二是正确模拟土的剪切变形。而由于土体本身的不均匀性和地震波传播的复杂性，完全模拟土的边界条件是很困难的。本次试验中模型箱采用钢板和有机玻璃制成，通过在模型箱的内壁粘上柔性材料来吸收侧向边界波以模拟土体的边界。在此种边界模

拟中，土的真实边界效果与内壁所采用的材料及其厚度密切相关。材料太厚将不能模拟出土层边界的剪切变形，材料太薄则地震波的反射太强，难以模拟土层的自由场反应。通过查阅类似的振动台试验，并通过反复的比较，本试验在模型箱两侧内壁铺设厚度为 20mm 的海绵来减少地震波在边界处的反射，并在海绵外部包裹透明塑料纸，防止地下水对海绵的破坏，如图 7-11 所示。

图 7-11　海绵安装在模型箱后

（2）模型的相似比设计

模型制作时近似认为试验模型所用的材料与原型的无量纲系数 K 相等，$C_K=1$，因此试验模型的相似率此时仅与 C_L 和 $C_{|\tau|}$ 有关。而侧压力系数、坡高和强度参数对 $|\tau|$ 产生影响。

北京科技大学的单向电液伺服式地震模拟振动台，台面尺寸是 $1.5\mathrm{m}\times1.5\mathrm{m}$，模型箱尺寸为 $1\mathrm{m}\times2\mathrm{m}$。模型箱内填筑的边坡高度为 1.4m，边坡坡度为 $35°$，天然质量密度为 $17.5\mathrm{kN/m}^3$，饱和含水量为 30%，室内直剪试验测得到边坡的内摩擦角为 $35.23°$，黏聚力为 11.24kPa。一般土的泊松比 $\mu\approx0.35$，静止侧压力系数 $k=\mu/(1-\mu)=0.54$，无量纲指数 $n=2$。试验受到设备尺寸的限制，因此模型的几何相似比 C_L 取值为 12。其他具体的物理量相似比取值如表 7-3 所示。

表 7-3　模型主要相似常数

物理量	相似关系	相似常数
动剪切强度	$C_{|\tau|}$	4.85
长度 L	C_L	12
密度 ρ	C_ρ	1
加速度 a	$C_a=C_{|\tau|}C_\rho^{-2/n}C_L^{-1}$	0.40
振动时间 T	$C_T=C_K^{-\frac{1}{2}}C_\rho^{-\frac{1}{2n}}C_L^{\frac{2n-1}{2n}}$	6.45
应变水平 $\gamma/\bar{\gamma}$	$C_{\gamma/\bar{\gamma}}$	1
动位移 u	$C_u=C_{|\tau|}C_K^{-1}C_\rho^{-\frac{1}{n}}C_L^{\frac{n-1}{n}}$	16.80
剪切模量 $C_{G\max}$	$C_{G\max}=C_KC_\rho^{\frac{1}{n}}C_L^{\frac{1}{n}}$	3.46
振动速度	$C_v=C_{[\tau]}C_K^{-\frac{1}{2}}C_\rho^{-\frac{3}{2n}}C_L^{-\frac{1}{2n}}$	2.61

物理量	相似关系	相似常数
振动频率 ω	$C_w = C_K^{-\frac{1}{2}} C_\rho^{-\frac{1}{2n}} C_L^{-\frac{2n-1}{2n}}$	0.16
阻尼比	$C_\lambda = 1$	1

(3) 地下水位的确定

地下水位模拟的对否制约着试验结果的精确性。本试验对地下水位的模拟采取的方案如图 7-12 所示。

  (a) 边坡一侧加水   (b) 底部水龙头   (c) 边坡浸润线形状

图 7-12 边坡地下水位的模拟

  由图 7-12 可知,在边坡的一侧接入通水管道进行注水,使水位的高度控制在 0.4m、0.4m 和 1.2m 水深,来模拟不同的地下水位高度。在相应的模型箱另一侧的下部打开水龙头(水龙头由软管连接,并将软管固定在与坡脚同一高度处,模拟连通器原理,使地下水位的高度始终控制在坡脚高度处),如图 7-8 (a) 和图 7-8 (b) 所示。经过长时间的加水使边坡内部形成稳定的渗流场后开始施加地震激励。水位稳定后,根据边坡内部水位线的高度描绘出 0.8m 水深时的浸润线的形状,如图 7-8 (c) 所示。

7.7 实验方案与步骤

  为了准确地测到试验的相关数据,在边坡和振动台模型箱上布置了较多的传感器,主要包括:加速度传感器、位移传感器和孔隙水压力传感器。

  在振动台台面上布置了两个相互垂直方向的加速度传感器 (J1、J2) 用来校核地震波时程输入域输出的误差。在模型箱的底部和顶部各固定一个加速度传感器 (J3、J4) 以测定固定端的牢固程度。模型箱上固定一个位移传感器以监测模型箱的位移变化 (W1)。沿着边坡的高度在高度方向间隔 0.2m 各布置一个加速度传感器 (J5、J6、J7、J8、J9、J10、J11) 以监测边坡不同高度方向的加速度响应,边坡顶部作为重要的监测位置。沿着边坡高度间隔 0.3m 布置五个位移传感器 (W2、W3、W4、W5、W6) 以监测边坡的不同高度的位移响应,边坡的顶部和底部作为重要的监测位置。在边坡内部布置六个微型动孔隙水压力传感器 (K1、K2、K3、K4、K5、K6) 以测定边坡的孔隙水压力,传感器的类型和布置图如表 7-4 所示和

图 7-13 所示。

表 7-4　传感器类型

名称	数量	编号	说明	备注
加速度传感器	10	J1～J11	记录边坡不同高度的加速度	应变式(LC0701-5M)
位移传感器	6	W1～W6	记录边坡不同高度的位移,量程为正负 10cm	SW-1
微型孔隙水压力传感器	6	K1～K6	记录边坡内部地下水的孔隙水压力	电阻式(HC-25)

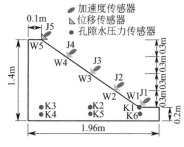

图 7-13　监测传感器的布置图

在实际地震发生时,由于边坡工程对不同地震波的动力响应不同,因此本试验选用了不同类型的地震波作为实际模拟地震输入,用以分别考查不同地震对本试验的结果影响。同时为了研究不同频率振动对边坡的影响效果,试验中还分别选取了正弦波进行动力响应分析。

为了较全面地研究地震作用下边坡的地震动力响应,本试验分别选取了远场地震波(T1-Ⅱ-1)、近场地震波(T2-Ⅱ-1)和 EICentro 波,振动台试验加载工况如表 7-5 所示。

表 7-5　振动台试验加载工况

工况号	地震波类型
E1	埃而森特罗波
J1	近场地震:T2-Ⅱ-1
Y1	远场地震:T1-Ⅱ-1

本试验只考虑单一水平方向的地震激励,为了对比地下水对边坡地震动力响应的影响,各个工况均进行了无地下水以及 H_w 为 0.4m、0.8m 和 1.2m 时的试验,地下水位几何图如图 7-14 所示。

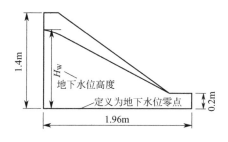

图 7-14　地下水位几何图

7.8 试验结果分析

7.8.1 试验模型动力特性分析

通过对试验模型进行扫频试验可以了解模型在地下水影响下的主要自振频率，经过对比可以确定地下水对边坡动力反应的影响。基于此，试验中采用扫频试验测得边坡模型在无地下水、0.4m 水深、0.8m 水深、1.2m 水深时的一阶自振频率，如表 7-6 所示。图 7-15 列出了无地下水和 0.8m 水深时的测试谱图。

表 7-6 模型动力测试试验结果

工况	自振频率/Hz	自振周期/s
无地下水	29.23	0.034
0.4m 水深	17.54	0.057
0.8m 水深	12.65	0.079
1.2m 水深	10.20	0.098

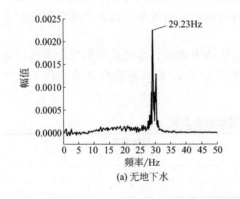
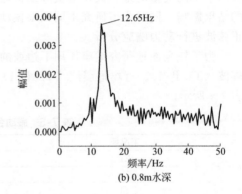

(a) 无地下水 (b) 0.8m水深

图 7-15 固有频率测试谱图

通过测试结果（表 7-6）可知，随着地下水位的升高，边坡的自振周期逐渐增大，边坡的自振频率由无水时的 29.23Hz 减少最高水深 1.2m 时的 10.2Hz，而自振周期也由无水时的 0.034s 延长至 0.098s，即由于地下水的存在，最高地下水深使边坡的自振周期比无水时最大增大了 2.88 倍，故地下水的存在对边坡的动力特性的影响较大。

7.8.2 地下水对边坡地震破坏模式的影响分析

地震作用进一步加强了地下水与土的相互作用，孔隙压突然升高，甚至引发土体的液化，严重影响着边坡的稳定性。基于此，本实验对边坡在 EICentro 地震波激励下的破坏模式进行分析，且为了使边坡能发生破坏，分别将 ElCentro 地震波的峰值加速度调整为 0.4g，如图 7-16 和图 7-17 所示。试验中对整个过程进行了详细录像，现列出部分图片。

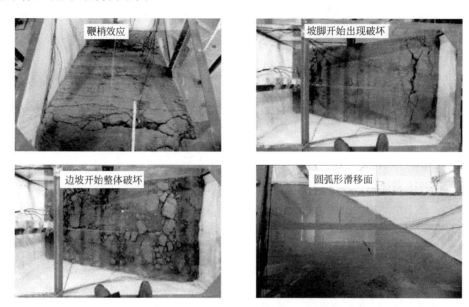

图 7-16 无地下水时边坡的渐进性破坏

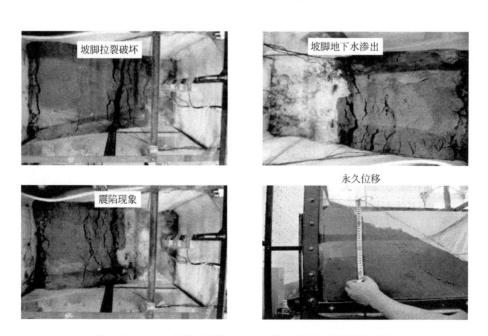

图 7-17 0.8m 水深（原型 18m 水深）时边坡的渐进性破坏

由图 7-16～图 7-18 可知，在地震作用下，无地下水时，边坡的拉裂破坏首

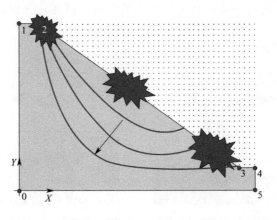

图 7-18   有地下水和无地下水时边坡的破坏示意图

先出现在坡顶，表现出明显的鞭梢效应，之后随着地震的持续作用，边坡坡脚开始出现破坏，直到边坡在某一高度处剪出，发生滑坡并导致整体的破坏，且边坡发生滑坡后出现了明显的圆弧形滑移面。而在地下水 0.8m 水深时，边坡的破坏首先发生在坡脚，地震激励后，孔隙水压力升高，使边坡位于地下水下的砂土有效应力降低，坡脚出现了明显的裂缝，在地震和自重联合作用下发生拉裂破坏，且随着孔隙水压力的继续升高，坡脚砂土发生液化，此时坡脚土体有效应力降低为零，由于在地下水的影响下坡脚土体发生滑塌，其以上的土体悬空，支撑力减小，在地震和重力作用下最终发生了滑坡，地震激励结束后，可以发现边坡发生了明显的震陷现象。本试验得出的边坡破坏规律与汶川地震中实际的边坡破坏规律具有一致性，即使是低矮的路堤边坡，若是地基或填筑体是富含水的沙质地层或软弱黏性地层，也会因坡脚砂土液化或震陷造成边坡的破坏，进一步验证了本文试验模拟的准确性。

7.9 室内试验与数值仿真分析的对比分析

本节将室内模型试验测量的结果通过相似比理论转化为边坡原型对应的值，并与数值模拟结果进行对比。分别选取 EICentro 地震、T1-Ⅱ-1 地震和 T2-Ⅱ-1 地震作用下 0m 水深、14m 水深、18m 水深和 22m 水深计算结果进行对比分析。

分别提取了取 EICentro 地震、T1-Ⅱ-1 地震和 T2-Ⅱ-1 地震作用下 0m 水深、14m 水深、18m 水深和 22m 水深时沿着坡面高度的最大水平加速度进行了对比分析，如图 7-19 所示。

由图 7-19 可知，在 EICentro 地震作用下，有地下水时沿边坡高度最大水平加速度整体小于无水时边坡的水平最大加速度，但沿着坡面高度的加速度整体呈现增加趋势，说明地下水的存在一定程度上具有减震作用。在无水、0.4m、0.6m 和 1m 水深时，EICentro 地震波和汶川地震波作用下随着边坡高度的增加，边坡水平加速放大系数整体呈现出增大现象，说明边坡土体本身对地震动具有放大作用。通

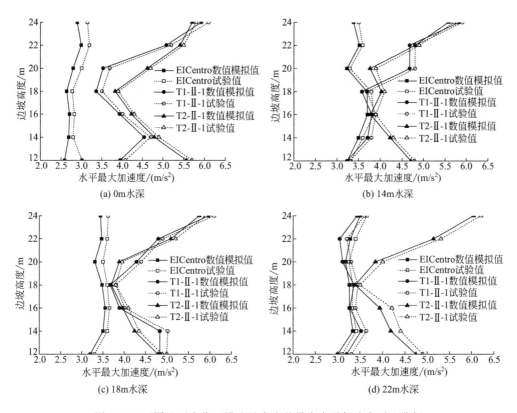

图 7-19 不同地下水位下沿边坡高度的最大水平加速度对比分析

过试验发现，室内试验值整体比数值模拟值偏大，但室内试验结果和数值模拟结果吻合较好，误差均控制在 10% 以内，验证了数值模拟结果的准确性。

分别提取了取 EICentro 地震、T1-Ⅱ-1 地震和 T2-Ⅱ-1 地震作用下 0m 水深、14m 水深、18m 水深和 22m 水深时沿着坡面高度的位移进行了对比分析，如图 7-20 所示。

由图 7-20 可知，在近远场地震和 EICentro 地震作用下，随着地下水位的升高，边坡坡面的最大水平位移呈现增大的趋势，且无地下水时边坡坡面的最大水平位移出现在边坡坡面中上部位置，而有地下水位影响时，边坡的最大水平位移出现在坡脚附近。进一步发现，试验值整体大于数值模拟值，且试验所测结果与数值模拟结果误差均控制在 10% 以内，验证了本文数值模拟结果的准确性。

为了对比数值模拟边坡动孔隙水压力值与室内试验监测动孔隙水压力的值，分别进行了 EICentro 地震、T1-Ⅱ-1 地震和 T2-Ⅱ-1 地震作用下地下水位为 14m 和 22m 时边坡坡脚的动孔隙水压力对比，如图 7-21～图 7-23 所示。

由图 7-21～图 7-23 可知，室内试验测得的边坡动孔隙水压力和数值模拟得到的动孔隙水压力的波动曲线呈现一致的波动规律，且在地震作用下，室内试验测得的动孔隙水压力整体上小于数值模拟得到的动孔隙水压力，且最大误差均控制在 15% 以内，分析其主要原因是因为在进行数值仿真分析时软件同时含有土骨架和孔

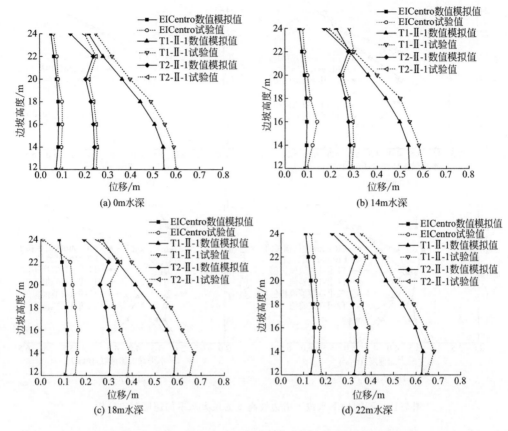

图 7-20　不同地下水位下沿边坡高度的最大水平位移对比分析

隙水两相介质的惯性力项。在饱和土动力问题中，用单相介质来代替，同时，超静孔隙水压力通过单相体的体积应变来近似求取，因此，其计算的边坡动孔隙水压力小于室内试验测到的动孔隙水压力值。

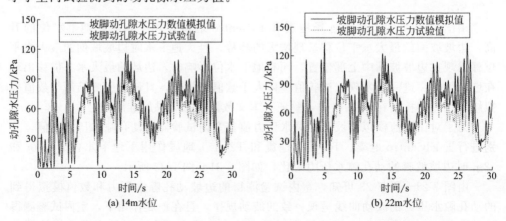

图 7-21　EICentro 地震作用下边坡动孔隙水压力对比（扫描前言二维码查看彩图）

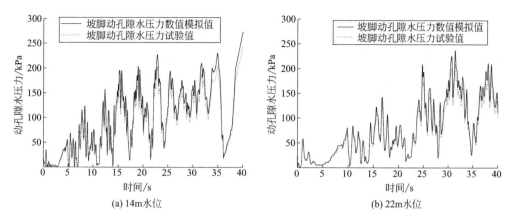

(a) 14m水位　　　　　　　　　　(b) 22m水位

图 7-22　T1-Ⅱ-1 地震作用下边坡动孔隙水压力对比（扫描前言二维码查看彩图）

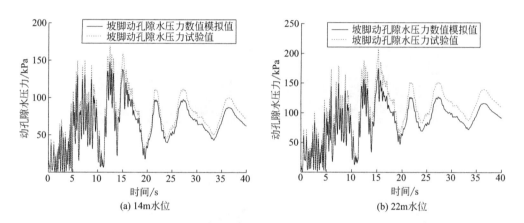

(a) 14m水位　　　　　　　　　　(b) 22m水位

图 7-23　T2-Ⅱ-1 地震作用下边坡动孔隙水压力对比（扫描前言二维码查看彩图）

将第 4 章建立的考虑动孔隙水压力影响的边坡永久位移的简便计算方法与基于动三轴试验的动孔隙水压力简化计算方法与室内试验结果进行对比，验证其准确性。

分别计算了地震波 EICentro、T1-Ⅱ-1 和 T2-Ⅱ-1 地震作用下，地下水位高度为 17m，峰值加速度为 4m/s²、5m/s² 和 6m/s² 时的永久位移，进行对比分析，如图 7-24（a）所示。计算了 EICentro 地震作用下，地下水位为 16m、17m 和 18m，峰值加速度为 4m/s²、5m/s² 和 6m/s² 时边坡的永久位移，并进行了对比分析，如图 7-24（b）所示，室内试验的永久位移测量方法如图 7-21 所示。

地震峰值加速度为 0.4g 时边坡的破坏状况、边坡产生的永久位移和破坏状况如图 7-25 所示。

由图 7-24 和图 7-25 可知，基于本章建立的简便方法计算的边坡的永久位移要大于振动台试验监测的边坡永久位移，且在不同水深下边坡的永久位移最大偏差在 10% 以内，验证了本章建立的简便计算方法的准确性。分析其原因，是由于简便计算方法将滑移体考虑为刚性体，因此，其计算的边坡的永久位移比振动台试验计算

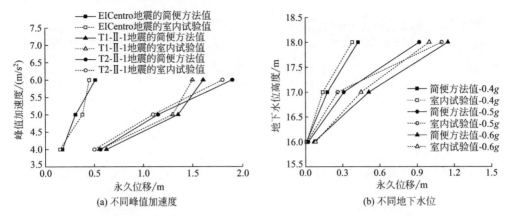

(a) 不同峰值加速度　　　　　　　　(b) 不同地下水位

图 7-24　不同峰值加速度和不同水位下边坡永久位移简便方法和室内试验结果的对比

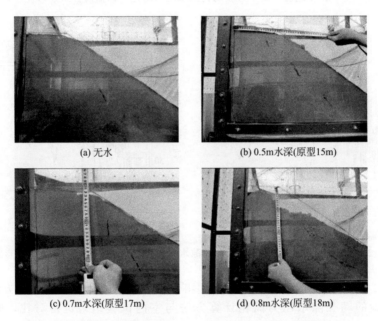

(a) 无水　　　　　　　　　　(b) 0.5m水深(原型15m)

(c) 0.7m水深(原型17m)　　　　　　(d) 0.8m水深(原型18m)

图 7-25　地震最大加速度为 0.4g 时边坡永久位移的振动台试验

的永久位移偏大。且通过图 7-21 可知，边坡滑移体在发生滑动时安全系数小于 1，但是并没有发生滑塌，而是出现了的暂时的稳定，随着地震的持续作用最终发生滑塌，因此，边坡发生滑动后进一步通过永久位移来判定边坡的稳定性，采取相应的加固措施，更具有一定的可靠性和经济性。进一步可以发现，随着水深的增加，边坡永久位移均表现出增加的趋势；在地震峰值加速度为 $1m/s^2$ 时，0.8m 水深永久位移比无水时增大了 7.6 倍；在地震峰值加速度为 $2m/s^2$ 时，0.8m 水深永久位移比无水时增大了 9.8 倍；此外，随着地震峰值加速度的增加，边坡永久位移急剧增加，当地震峰值加速度为 $2m/s^2$ 时，边坡永久位移比地震峰值加速度为 $1m/s^2$ 时最大增大了 6.9 倍（0.6m 水深），由此可知地震峰值加速度对边坡永久位移影响十分显著，且地下水的影响更不容忽略。

为了验证本书第 6 章动孔隙水压力和偏差应力以及平均有效主应力的拟合关系式的准确性,在边坡不同位置设置了动孔隙水压力监测点,并将最大动孔隙水压力值进行了对比分析。分别提取了边坡 EICentro 地震作用下在 14m 水深、16m 水深、18m 水深、20m 水深和 22m 水深时的最大动孔隙水压力进行对比,如图 7-26 所示。

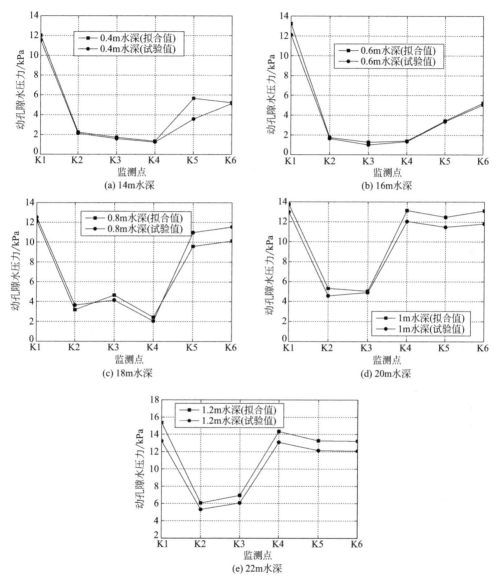

图 7-26　EICentro 地震下边坡不同监测点最大动孔隙水压力的拟合值和实验值对比分析

由图 7-26 可知,基于本章建立的边坡动孔隙水压力的拟合关系式要大于振动台试验监测的最大动孔隙水压力,且在不同水深下边坡的永久位移最大偏差在 15% 以内,验证了本文动孔隙水压力拟合关系式的准确性。

7.10 本章小结

本章详细介绍了不同地下水位下砂质边坡的振动台试验的设计与实施。主要包括砂质边坡模型的设计、模型相似比的确定、地下水位的模拟、传感器的布置以及试验工况等,并对不同地下水位下的砂质边坡的试验数据进行了总结分析。得到的主要结论如下。

① 基于连通器原理进行了边坡地下水位的室内模拟,并确定了边坡的浸润线位置,与数值模拟结果进行了对比,吻合较好。基于振动台的扫频试验,测得了不同地下水位下边坡的自振频率,得出地下水的存在对边坡动力特性的影响较大的结论。随着地下水位的升高,边坡的自振周期表现出增大的趋势,且当地下水位达到 5/6 坡高时,边坡的自振周期比无水时增大了 2.88 倍。

② 无地下水时,在地震作用下边坡的破坏首先出现在坡顶,表现出明显的鞭梢效应,之后随着地震的持续作用,边坡坡脚开始出现破坏,直到滑移体在边坡面某一高度处剪出,发生滑坡并导致整体的破坏,且边坡发生滑坡后出现了明显的圆弧形滑移面。有地下水时,边坡的破坏首先出现在坡脚,导致其以上的土体悬空,支撑力减小,在地震和重力作用下最终发生了滑坡,地震激励结束后,可以发现边坡坡顶发生了明显的震陷现象。本试验得出的边坡破坏规律与汶川地震中含水量丰富的边坡的破坏规律具有一致性,进一步验证了本文试验模拟的准确性。

③ 地下水的存在使得边坡坡面处最大水平加速度整体小于无水时边坡的动力放大效应,但沿着边坡高度的放大系数都大于1,说明地震由坡底传播到坡顶后均产生了动力放大效应。随着地下水位的增加,边坡坡面的最大水平加速度均出现了减小趋势,说明由于地下水在一定程度上具有减震作用,与前文数值模拟结果吻合较好。

④ 由于 Newmark 滑块法将滑移体考虑为刚性体,其计算的边坡永久位移要大于振动台试验测得的永久位移。通过监测边坡坡脚的动孔隙水压力和位移,得出随着地下水位的升高,动孔隙水压力的存在使得坡脚强度降低,并出现了塑性变形,产生了累积位移的结论。因此,有地下水时应对坡脚进行重点抗震加固。

⑤ 由于进行数值仿真分析时超静孔隙水压力通过单相体的体积应变来近似求取,室内试验测得的动孔隙水压力整体上小于数值模拟得到的动孔隙水压力值,但边坡加速度、位移和动孔隙水压力的数值模拟值和室内试验值误差均控制在15%以内,验证了本文数值模拟结果的准确性。本文建立的边坡动孔隙水压力的拟合关系式的计算值大于振动台试验监测的最大动孔隙水压力值;且由于永久位移简便计算方法将滑移体考虑为刚性体,简便方法计算的边坡的永久位移值大于振动台试验监测的边坡永久位移,而边坡动孔隙水压力的拟合关系式的和永久位移简便计算方法在不同水深下与室内试验值最大偏差在15%以内,均在允许范围内。

第8章

不同地下水位对砂质边坡地震崩塌距离的影响

边坡的稳定性不仅包括边坡的滑坡破坏，还包括边坡的崩塌失稳破坏，前面章节主要对边坡的滑坡破坏进行了研究。而本文研究边坡所在的工程实际现场，由于砂质土中含有黏粒，在长时间的风化作用下，边坡顶部形成大小和形状不同的坚硬的砂质土块，在地震作用下易发生崩塌破坏，通过前文的研究发现，在不同地震类型和地下水位下边坡顶部的加速度放大倍数差异较大，导致地震作用下边坡失稳后的崩塌落石距离不同，从而对坡脚构筑物造成的影响不同，为了明确地震作用下边坡顶部落石崩塌的距离，为铁路沿线构筑物的防护设计提供参考依据，本章开展地震作用下边坡的崩塌失稳后落石的距离研究。

8.1 概述

落石水平运动距离是落石沿坡面下落后纵向所达范围，是构成落石灾害威胁区域的一部分[165,166]。它反映了落石纵向水平威胁范围的大小，常被用来作为判断是否进行落石防治的依据之一，也代表着落石运动动能、威胁能力大小，同时是落石防治工程设计中需要明确的一个主要参数[167-169]。

一般认为发生于土质边坡的形态通常比较单一，基本上以剪切破坏为主，滑裂面为圆弧形，然而随着大量与土质边坡有关的铁路、公路、水力发电、调水引水、输油输气管线、文物保护等建设工程开展起来，土质边坡表现出不同的失稳形式，例如，倾倒、滑落、崩塌，如图 8-1 所示。而由于人们对其破坏形式的重视程度不够和认识不清，大量土质边坡失稳、治理后复发的问题也不断出现。土质边坡的崩塌破坏形式，主要表现在堆积在边坡顶部的土体在长时间的风化作用下，失去了与边坡整体的黏结能力，被分割成不同大小、不同形状的块体，在地震作用下极易发生整体抛出现象，导致落石的发生，严重威胁着边坡底部的交通线路以及人民的生命财产安全。

此外，边坡除对铁路构筑物造成影响外，其对坡脚附近建筑物的影响也不可忽视（图 8-2），例如云贵地震中边坡落石损坏了大量的房屋建筑，对人民的生命财产安全具有较大的影响。

图 8-1 土质边坡的崩塌破坏图

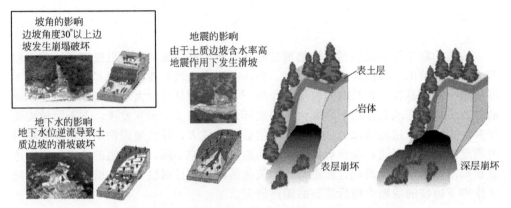

图 8-2 边坡崩塌对坡脚构筑物的影响及边坡崩塌破坏深度

　　本文研究对象的沿线边坡顶部砂质土在与大气、雨水及生物接触过程中产生物理、化学变化，难免会产生不均匀分布的裂隙，被分割成大小、形状不同的块体，由于边坡完整性受到破坏，在地震作用下边坡顶部破碎土块将会崩塌抛出，产生落石现象，严重威胁着边坡坡脚既有构筑物的安全。不同地震频谱特性、地震场地类型、坡形、地下水位及落石大小和形状下，边坡顶部的加速度放大倍数是不同的，从而落石距离也不相同。基于此，本章基于大型振动台试验研究边坡在地震作用下发生崩塌破坏时的落石距离，对在不同地震作用下边坡可能造成的灾害做出评估，从而为道路的安全运营以及抢险救援工作起到一定的预警和指导作用。具体的试验内容如下。

　　① 不同频率的正弦波激励下边坡的崩塌落石距离研究。

　　② 不同场地类型地震作用下边坡的崩塌落石距离研究。

　　③ 不同频谱特性地震（近远场地震）作用下边坡的崩塌落石距离研究。

　　④ 不同粒径大小的落石在地震作用下的崩塌距离研究。

　　⑤ 不同形状落石在地震作用下的崩塌距离研究。

　　⑥ 不同坡面形式对地震落石距离的影响研究。

　　⑦ 边坡坡高对地震落石的距离影响研究。

　　在进行落石在地震作用下的崩塌距离的研究时，做了如下假定。

假定一：在地震作用下落石底部的边坡体属于稳固区，不会发生破坏。

假定二：假定边坡在未发生崩塌落石前，边坡顶部的落石和边坡稳定区域顶部的运动是整体运动，不存在相对运动。

假定三：将边坡顶部的落石简化为理想的形状，分别为常见的球体形、正方体形、圆柱体形和长方体形。

假定四：研究过程考虑落石最不利状况，即落石之间不相互影响和碰撞。

8.2 边坡落石对构（建）筑物影响的概率评价方法

为了明确落石对边坡坡角位置的构（建）筑物的影响程度（图 8-3），分别对不同形状落石的距离进行研究，通过研究落石距离的影响因素，评价其对建筑的影响程度。由于本文选用了较多落石，且在地震作用下同种类型的落石崩塌距离也是不一样的。因此，为了更好地评价落石对构筑物的影响，采用概率法进行评价。

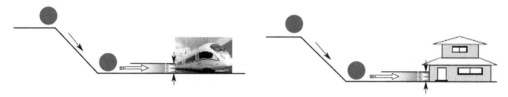

图 8-3　落石对坡脚构（建）筑物的影响

以 10mm 长度区间作为一个基本数值，分别从坡脚开始计算，间隔 10mm 划分为一个区间，研究的边坡高度为 50mm，第一区间为 10mm，即 $0 \sim 0.2h$（以 $0.2h$ 表示，其中 $H = 0.5$m），第二区间为 $0.2 \sim 0.4h$（以 $0.4h$ 表示）等，如图 8-4 所示。以采用的所有的落石的总的数量作为总体 T。其中每个区间内落石的数量作为样本 S。

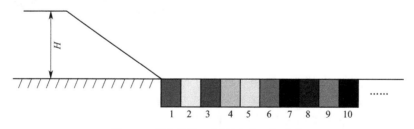

图 8-4　距离坡脚不同距离的区间分布

定义落石在地震作用下崩塌距离的评价指标为 ζ_n（$n = 1, 2, 3, \cdots$）：

$$\zeta_n = \frac{S_n}{T_n} \tag{8-1}$$

式中　S_n——区间 n 的样本个数；

　　　T_n——落石的总体。

8.3 边坡模型及计算参数

本文模拟的边坡为砂质边坡，边坡选用的砂质土与第 7 章的振动台试验相同。落球采用砂质土制作，将模拟砂质土边坡顶部松散的不同大小、形状的砂质土块体在地震作用下的崩塌距离。边坡模型如图 8-5 所示。

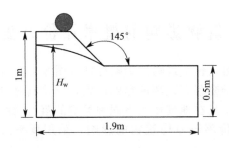

图 8-5　边坡模型

由于本次试验主要是研究边坡顶部落石的距离，假定边坡底部未松动的区域不发生破坏，即将底部设定为稳定区域，不让其在地震作用下发生破坏，因此将坡面进行了加固，试验中沿坡面高度等间距做了加速度监测，如图 8-6 所示。

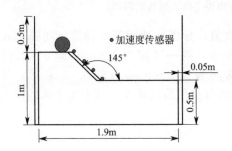

图 8-6　加速度传感器布置图

在振动台台面上布置两个互相垂直方向的加速度传感器（A1、A2）以检验地震波时程输入与输出的误差。在模型箱底部和顶部布置两个方向的加速度传感器（A3、A4），在砂箱的顶部布置两个加速度传感器（A5、A6），以检测固定端的牢固程度。沿着边坡的高度布置四个加速度传感器（A7～A11）。

进行试验时，通过游标卡尺控制落球的直径，将落石用红、蓝、绿、红颜色喷漆喷在土球的外围，以便对土块进行区分。为了研究落石大小对边坡崩塌距离的影响，根据球体直径大小来区分土块的粒径，总计选用 8 组不同粒径的土块进行对比实验，第一组粒径为 10mm，第二组粒径为 20mm，第三组粒径为 30mm，第四组粒径为 40mm，第五组粒径为 50mm，第六组粒径为 60mm，第七组粒径为 80mm，第八组粒径为 100mm。为了研究不同落石形状对边坡崩塌距离的影响，分别选取长方体落石、正方体落石和圆柱体形落石进行试验，其中长方体落石、正方体落石和圆柱体形落石的重量与粒径为与 50mm 的球体形落石相同，以便消除重量不同对不同形状落石对崩塌距离影响带来的误差，其中不同粒径落石的制作过程如图 8-7 所示。

图 8-7　不同粒径的落石

分别采用正弦波、EICentro 波、天津波、不同场地地震波（T1-Ⅰ-1 波、T2-Ⅰ-3 波、T1-Ⅱ-1 波、T2-Ⅱ-3 波、T1-Ⅲ-1 波、T2-Ⅲ-3 波）进行试验。试验用的地震波均采用单向输入激励，如表 8-1 所示。

表 8-1　振动台试验加载工况

工况号	地震波类型	X 方向地震波峰值
SIN-01	正弦波 2Hz	
SIN-02	正弦波 4Hz	
SIN-03	正弦波 6Hz	
SIN-04	正弦波 8Hz	
SIN-05	正弦波 10Hz	
SIN-06	正弦波 12Hz	
SIN-07	正弦波 14Hz	
T01	T1-Ⅰ-1	0.21g
T02	T2-Ⅰ-3	
T03	T1-Ⅱ-1	
T04	T2-Ⅲ-3	
T05	T1-Ⅲ-1	
T06	T2-Ⅲ-3	
T07	天津波	
EI-01	EICentro 波	

8.4　不同地下水位对边坡落石距离的影响分析

分别选取粒径为 20mm、30mm、40mm、50mm、60mm、80mm 和 100mm 的球体形落石，研究边坡内无地下水位和地下水位 H_w 为 0.6m、0.7mm 和 0.8m 时落石的崩塌距离，最后选取了长方体落石、正方体落石和圆柱体形落石研究不同落石形状在不同地下水位下的崩塌距离的概率统计值，计算结果如图 8-8 所示。

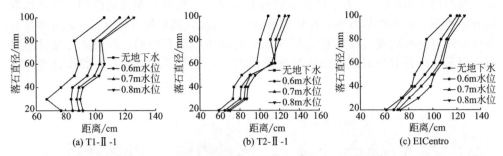

图 8-8　地下水位对不同地震下边坡落石距离的影响

由图 8-8 可知，随着地下水位的增加，不同地震作用下不同粒径的落石的崩塌距离呈现增大趋势，且相同水位下，随着落石粒径的增加，崩塌距离也呈现增大趋势。考虑地下水位的影响后，边坡的落石距离比不考虑地下水位的影响落石距离整体增大。分析其原因，主要是由于随着地下水位的增加，使边坡顶部的落石初始速度增加，从而使得边坡落石发生崩塌时获得较大的动能，在到达地面时运动的距离呈现增大现象。

基于概率方法对边坡落石距离进行评价，将不同地下水位下不同形状和不同粒径大小的落石距离进行统计（$T_n = 84$），如表 8-2 和图 8-9 所示。

表 8-2　不同地下水位下不同区间落石的概率统计值（$T_n = 84$）[①]

距离	0.2h	0.4h	0.6h	0.8h	1h	1.2h	1.4h	1.6h	1.8h	2h	2.2h	2.4h
S_n	0	0	0	0	0	1	5	9	22	24	13	18
ζ_n	0	0	0	0	0	0.012	0.060	0.11	0.26	0.29	0.15	0.22

① T_n 为总样本数。

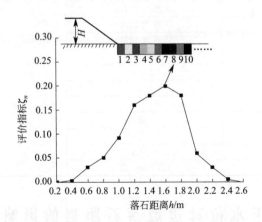

图 8-9　地震作用下落石形状对崩塌距离影响的概率值

由表 8-2 和图 8-9 可知，通过研究不同地下水位下不同粒径大小和不同形状的落石距离，得出在地震作用下落石距离在（1.8~2）h 范围内分布最多，由此可知，在近远场地震（二类场地）作用下，$2h$ 可作为边坡防护或者防护墙设计时的一个参考距离。

8.5　不同频率正弦波作用下边坡崩塌落石距离

为了研究不同正弦波频率对落石距离的影响，将采用无地下水位的边坡模型进行试验。正弦波频率分别选用 2Hz、4Hz、6Hz、8Hz、10Hz、12Hz、14Hz，并选用不同粒径大小的球体形落石进行试验。边坡落石的初始位置见图 8-10，不同频率正弦波作用下边坡落石的距离见图 8-11。

图 8-10　边坡落石的初始位置

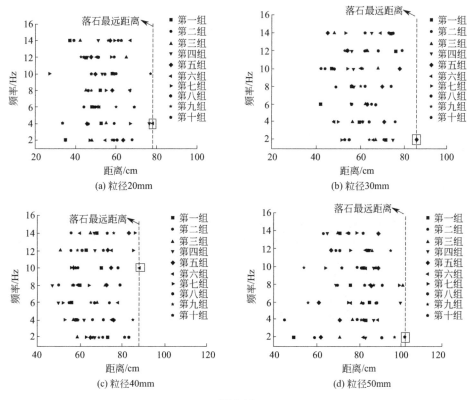

图 8-11

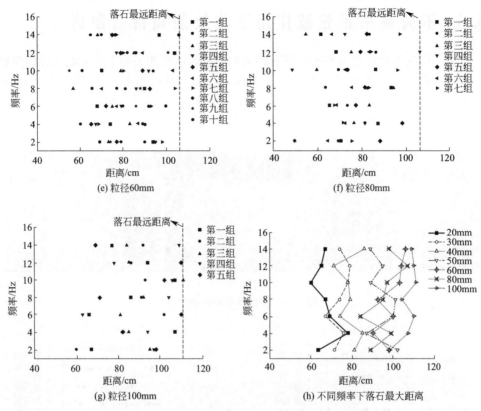

(e) 粒径60mm

(f) 粒径80mm

(g) 粒径100mm

(h) 不同频率下落石最大距离

图 8-11　不同频率正弦波作用下边坡落石的距离

由图 8-11 可知，在不同频率正弦波作用下，随着频率的增大，总体表现出先减小后增大的趋势，在频率为 4Hz 时候开始出现减小，直到频率为 8Hz 出现增大的趋势。

为了得到不同频率正弦波作用下，落石的形状对落石崩塌距离的影响规律，分别采用正方体、圆柱体、长方体落石进行振动台试验，如图 8-12 和图 8-13 所示。

(a) 正方体

(b) 长方体

(c) 圆柱体

图 8-12　不同形状的落石的试验概况

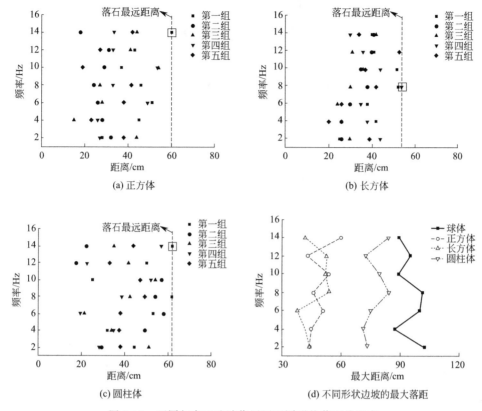

图 8-13　不同频率正弦波作用下不同形状落石的距离

由图 8-13 可知，考虑不同形状的落石形状后，在不同频率正弦波激励下，不同形状落石随着频率的增大总体表现出先减小后增大的趋势，且不同形状的落石的最大崩塌距离从大到小依次为：球体、圆柱体、正方体、长方体。

通过对不同频率正弦波作用下不同粒径大小和不同形状落石的崩塌距离研究，得到落石在距离坡脚不同位置的分布情况，并采用概率法进行统计分析，得到其概率分布状况如表 8-3 和图 8-14 所示（T_n = 609）。

表 8-3　不同频率正弦波作用下边坡的崩塌落石距离的概率值（T_n = 609）

距离	0.2h	0.4h	0.6h	0.8h	1h	1.2h	1.4h	1.6h	1.8h	2h	2.2h	2.4h
S_n	0	2	19	31	56	100	108	123	109	37	20	3
ζ_n	0	0.003	0.031	0.051	0.092	0.16	0.18	0.20	0.18	0.06	0.03	0.005

由表 8-3 和图 8-14 可知，通过对不同频率正弦波下不同粒径大小和不同形状的落石距离研究，得出其在距离边坡坡脚（1.4～1.6）h 区间内分布最多，概率最大，其次为（1.6～1.8）h 区间，因此不同频率正弦波作用下考虑不同粒径大小和不同形状落石的影响，崩塌距离 1.6h 处可作为边坡落石防护设计和注意避开的临界位置。

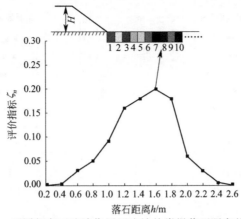

图 8-14　不同频率正弦波作用下边坡的崩塌落石距离的概率值

8.6　地震作用下边坡崩塌落石距离研究

为了研究不同地震频谱特性以及不同场地类型地震作用下边坡的崩塌落距，以下将选取无地下水的砂质边坡进行试验。本文选取三类场地中的近场地震 T2-Ⅰ-1 和远场地震 T1-Ⅰ-1 作为外界激励，研究其对落石距离的影响，计算结果如图 8-15 所示。

由图 8-15 可知，在近远场地震（一类场地）作用下不同形状的落石距离从大到小依次为球体、圆柱体、长方体和正方体，且在远场地震作用下不同形状的落石的距离要大于近场地震作用下的距离。因此，远场地震作用下边坡的崩塌落石对坡脚的构筑物的安全性影响应更加重视。

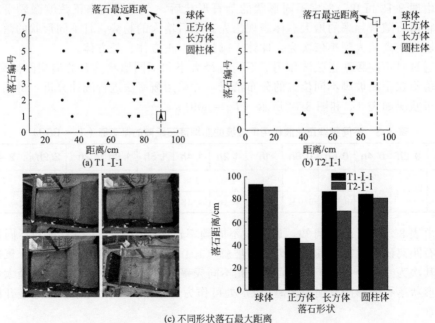

图 8-15　近远场地震作用下不同形状落石距离

为了确定不同频谱特性地震和场地类型（一类场地、二类场地、三类场地）地震波对边坡落石距离的影响，分选取了不同粒径的球形落石进行试验。

由图 8-16 可知，在不同频谱特性和场地类型地震作用下，随着落石粒径的增加，落石的距离整体呈现出增加的趋势。二类场地近场地震对落石最大距离的影响最大，其次为三类场地地震作用。通过试验发现在不同频谱特性和场地类型地震下，球形落石的最大距离达到了 $2.4h$（1.2m）。

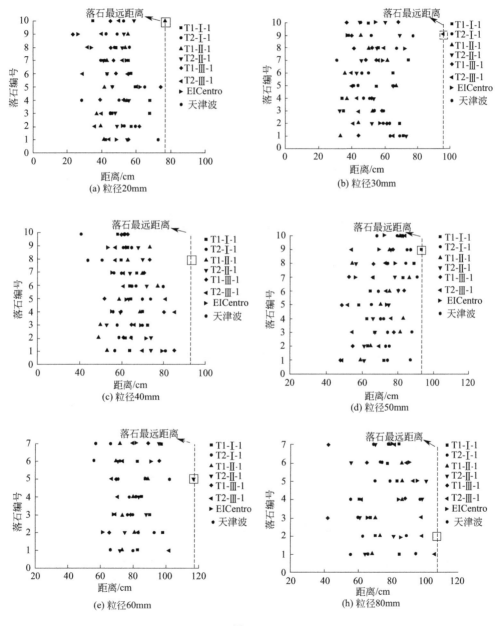

图 8-16

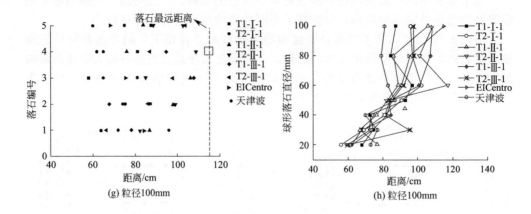

(g) 粒径100mm　　　　　　(h) 粒径100mm

图 8-16　不同频谱特性和场地类型地震波对不同粒径落石距离的影响分析

为了研究不同形状落石在地震作用下的落距，分别研究了不同形状的落石在不同类型和不同场地类型地震作用下（一类、二类、三类场地地震波以及近远场地震波）落石崩塌距离的概率统计值（$T_n = 423$），如表 8-4 和图 8-17 所示。

表 8-4　地震作用下边坡落石崩塌距离的概率值（$T_n = 423$）

距离	0.2h	0.4h	0.6h	0.8h	1h	1.2h	1.4h	1.6h	1.8h	2h	2.2h
S_n	0	8	23	53	84	90	83	58	21	2	1
ζ_n	0	0.019	0.054	0.13	0.2	0.21	0.20	0.14	0.05	0.005	0.002

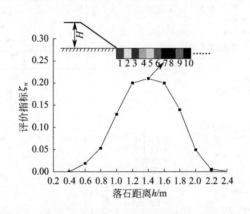

图 8-17　地震作用下边坡落石崩塌距离的概率评价

由表 8-4 和图 8-17 可知，通过对不同场地类型和不同频谱特性地震作用下不同粒径大小和不同形状的落石距离进行研究，得出其在距离边坡坡脚（$1.2 \sim 1.4$）h 处分布最多，概率最大，其次为 $1.6h$ 处，因此在地震作用下 $1.4h$ 可作为边坡落石防护设计和注意避开的临界位置。

研究 EICentro 地震作用下坡高和坡角对落距的影响，结果如图 8-18 所示。

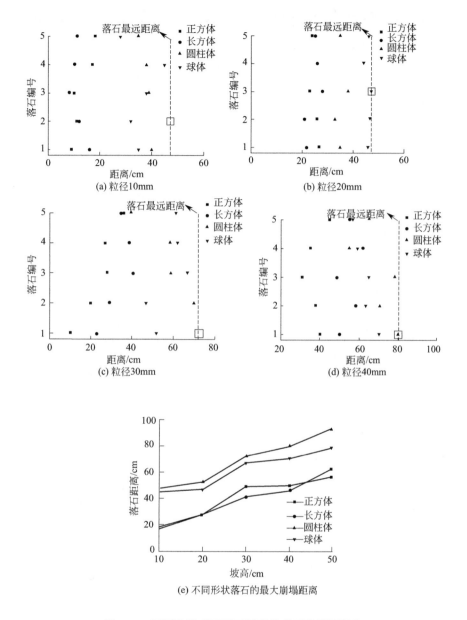

图 8-18　不同边坡高度下不同形状落石的崩塌距离

由图 8-18 可知，在不同坡高下地震对不同形状落石距离的影响从大到小依次为球体、圆柱体、正方体、长方体。由图 8-19 可知，随着边坡坡角的增加，不同形状的落石距离表现出先增大后减小的趋势，在边坡角度达到 60°时，随着边坡角度的继续增加，不同形状落石的距离逐渐减小。且在不同角度坡角下地震对不同形状落石距离的影响从大到小依次为球体、圆柱体、正方体、长方体。随着边坡坡高的增加，不同形状的落石距离表现出增大趋势。

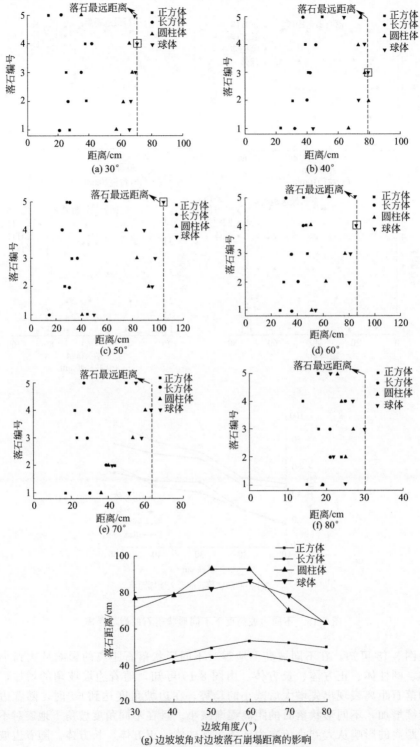

(a) 30°

(b) 40°

(c) 50°

(d) 60°

(e) 70°

(f) 80°

(g) 边坡坡角对边坡落石崩塌距离的影响

图 8-19 不同边坡角度下不同形状落石的崩塌距离

8.7 边坡落石距离的振动台试验结果与解析结果的对比分析

设一质量为 m 的落石,地震的激励下,在高度为 h 的边坡顶部下落,然后顺坡而下,本节主要研究落石的大小、形状、地震类型和地震场地类型对落距的影响,因此将边坡简化为单线式坡,如图 8-20 所示。

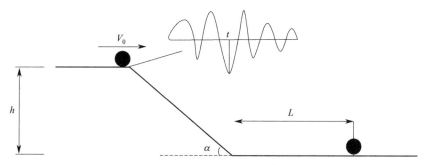

图 8-20 边坡落石距离计算示意图

当落石下落到边坡的坡脚时,根据能量守恒定律可得此时落石的速度为 v_t,如式(8-2)所示

$$mgh + \frac{1}{2}mv_0{}^2 = \frac{1}{2}mv_t{}^2 + Nsf \tag{8-2}$$

式中　N——边坡受滚石作用的正压力;

　　　f——滚动摩擦系数,通过室内测试获得,本文取值为 0.4(球体落石);

　　　s——顺坡的距离。

落石在顶部落至边坡底部时的速度为 v_t,边坡的折射(坡角为 α)速度发生改变,此时经过折射后边坡的速度变为式(8-3)

$$v_z = v_t \cos\alpha \tag{8-3}$$

根据能量守恒定律,可计算落石头静止时的滚动距离如式(8-4)和式(8-5)所示

$$\frac{1}{2}mv_z{}^2 = N'Lf \tag{8-4}$$

$$L = \frac{mv_z{}^2}{2N'f} \tag{8-5}$$

式中　L——落石距离坡脚的距离;

　　　N'——在水平面上滚动时落石对地面的正压力。

本节解析计算的目的是验证试验结果的准确性,而本节试验中采用多个落石,解析计算值只需位于试验中不同落石距离的平均值左右即可,因此,通过能量守恒原理进行落石滚动距离的解析计算时不考虑落石在运动过程中碰撞能量的损失。

采用解析法计算边坡的落石距离,并与振动台试验结果进行对比,验证试验结果的准确性。其中在进行边坡的落石滚动距离的解析计算时只考虑由于滚动摩擦消耗的能量，不考虑落石其他因素产生的能量损耗。

边坡的解析计算难点是确定边坡的初始速度，而边坡的初始速度是由地震的激励引起的，而地震的速度是随着时间不断变化的，且在地震波传播到边坡顶部时会存在加速度的放大效应，因此如何确定落石的初始速度成为解析计算的一个重点，其关系着解析计算结果的准确性。本文的落石初始速度由振动台试验确定。通过振动台试验时在边坡顶部安装加速度传感器，可以实时在线测定边坡顶部的加速度响应，当落石发生运动时，记录此时的地震时间，从而确定出此时边坡顶部的落石运动时间对应的边坡顶部的速度，根据本节前文的假定，此时落石的初始速度即可求出。

为了对比分析地震作用下边坡内有地下水和无地下水时的落石距离。通过振动台试验，记录边坡顶部落石开始运动时的初始速度，如图 8-21 和表 8-5 所示。

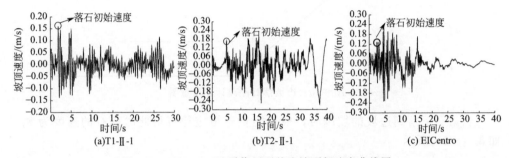

图 8-21　ElCentro 地震作用下的边坡顶部速度曲线图

表 8-5　不同地震作用下落石的初始速度

地震波	初始速度 $v_0/(\text{m}\cdot\text{s})$
T1-Ⅱ-1	0.164
T2-Ⅱ-1	0.133
ElCentro	0.146

由于表 8-5 可知，落石发生运动时的初始速度在远场地震（T1-Ⅱ-1）作用下最大，在近场地震（T2-Ⅱ-1）作用下最小。

基于能量守恒定律，可求得滚石到达边坡底部时的距离如式（8-6）～式（8-9）所示

$$mgh + \frac{1}{2}mv_0^2 = mghf\frac{\cos\alpha}{\sin\alpha} + mgLf \tag{8-6}$$

$$N = mg\cos\alpha$$
$$s = 12/\sin\alpha \tag{8-7}$$
$$f = 0.8$$

$$mgLf = mgh + \frac{1}{2}mv_0^2 - mghf\frac{\cos\alpha}{\sin\alpha} \tag{8-8}$$

$$L = h/f + v_0^2/2gf - h\frac{\cos\alpha}{\sin\alpha} \tag{8-9}$$

通过式（8-9）可计算边坡在不同地震作用下的滑落距离，如表 8-6 所示。

表 8-6　不同地震作用下落石的滑落距离

地震波	落石距离/mm	备注
T1-Ⅱ-1	74	1.48h
T2-Ⅱ-1	73	1.46h
ElCentro	72	1.44h

不同地震作用下振动台试验结果与解析结果的对比如图 8-22 所示。

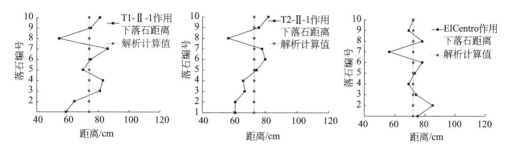

图 8-22　不同地震作用下振动台试验结果与解析结果的对比

通过解析计算边坡落石粒径为 50mm 的球体落石在不同地震作用下的落距，并与振动台试验结果进行对比分析，发现解析计算值与实验值吻合较好，解析计算的落石的距离分布在不同落石的平均落距范围内，进一步验证了本节试验结果的准确性和试验数据的可信性。

8.8　本章小结

基于室内振动台研究了不同地下水位、不同频率正弦波、不同频谱特性、不同场地类型、不同峰值加速度、不同落石大小和形状对地震作用下边坡崩塌落石的距离的影响规律，并基于概率方法对边坡崩塌落石的距离进行了概率分析，明确了不同影响因素下边坡崩塌落石的临界阈值，最后将室内试验值与解析计算结果进行了对比分析，验证了试验方法的准确性。得到的主要结论如下。

① 随着地下水位的增加，不同类型地震作用下不同粒径落石的落距呈现增大趋势，且相同水位下随着落石粒径的增加，落距也呈现增大趋势。考虑地下水位的影响后，边坡的落石距离比不考虑地下水位的影响时，落石距离整体增大。通过研究不同地下水位下不同粒径大小和不同形状的落石距离，得出在地震作用下落石距离在（1.8～2）h 范围内分布最多。由此可知，在近远场地震（二类场地）作用下 2h 处为应该注意避开和防护设计的临界位置。

② 在不同频率的正弦波作用下，随着正弦波频率的增加，不同粒径落石的距离出现先减小后增大的趋势。在不同频率正弦波作用下，不同形状落石的落距大小顺序从大到小依次为球体、圆柱体、正方体、长方体。通过对不同频率正弦波下不同粒径大小和不同形状落石的距离研究，得出其在距离边坡坡脚（1.4～1.6）h 处分布最多，概率最大，其次为（1.6～1.8）h 处。因此，不同频率正弦波作用下考

虑不同粒径大小和不同形状落石的影响，崩塌距离 1.6h 处为应该注意避开和防护设计的临界位置。

③ 在近远场地震作用下不同形状的落石距离从大到小依次为球体、圆柱体、长方体和正方体，且在远场地震作用下不同形状的落石的距离要大于近场地震作用下的距离。在不同频谱特性和场地类型地震作用下，随着落石粒径的增加，落石的距离整体呈现出增加的趋势。且在不同频谱特性和场地类型地震下，边坡落石的最大距离可达到 2.4h，而在距离边坡坡脚（1.2~1.4）h 区间内落石分布最多，概率最大，其次为（1.4~1.6）h 处。因此，地震作用下考虑不同粒径大小和不同形状落石的影响，崩塌距离 14h 处为应该注意避开和防护设计的临界位置。

④ 随着边坡坡角的增加，不同形状的落石距离表现出先增大后减小的趋势，在边坡角度达到 60°时，随着边坡角度的继续增加，不同形状落石的距离逐渐减小。随着边坡坡高的增加，不同形状的落石距离表现出增大趋势。在不同坡高下，地震对不同形状落石距离的影响从大到小依次为球体、圆柱体、正方体、长方体。

⑤ 基于能量守恒原理，计算了边坡落石在不同地震作用下的落距，并与振动台试验结果进行对比分析，发现解析计算值与实验值吻合较好，进一步验证了本节试验结果的准确性和试验数据的可信性。

第9章

降雨入渗对边坡稳定性的影响评价

9.1 概述

滑坡是各国及各区域存有自然边坡和人工边坡地区经常发生的地质灾害。滑坡是一种坡体由于存在软弱结构面或结构带，在重力等综合因素下，部分坡体失去平衡发生的水平位移为主的滑动现象（图9-1）。

图 9-1　降雨诱发的滑坡

表 9-1 所列的统计资料表明降雨和滑坡时间上具有很好的一致性，绝大多数滑坡发生在该地区的雨季；而且，各地区的雨季最大降雨量和最大滑坡数有很好的对应关系，雨季坡体崩滑数量占据总滑坡数量的 90% 以上。

表 9-1　长江上游部分地区雨季（5~9月）崩滑情况

地区	滑坡数量/个	雨季崩滑数量/个	所占百分比/%
贵州毕节地区	42	40	96
重庆万县地区	294	256	87

地区	滑坡数量/个	雨季崩滑数量/个	所占百分比/%
四川凉山地区	212	203	95
川北地区	218	214	98
金沙江下游河谷	477	458	96
陇南地区	213	203	95
云南彝良县	75	71	94
合计	1531	1445	94

降雨条件下，雨水入渗使土体饱和度增加，孔隙水压力上升及基质吸力锐减进而引起抗剪强度大幅下降，当降雨强度和持续时间达到一定程度时，导致边坡失稳（图9-2）。各项研究在孔隙水压力作用的处理和结果的定量分析中虽有所差别，但孔隙水的分布对边坡影响和在滑坡诱发中起重要作用的定性分析结论却是一致的。

日本学者对日本海岸一处约300m长，50～70m宽的砂质边坡进行周期性的监测和分析，得出结论：随着雨水/冰雪融水的增加，孔隙水压力的最小值和最大值也随之增加，但融水强度对孔隙水数值的浮动影响甚微。孔隙水的浮动和波动范围对滑坡位移的作用类似，但只具有0.57～0.66的相

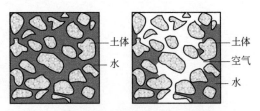

图9-2 饱和土（左图）与非饱和土（右图）结构草图

关系数。另一方面，总冰雪融水量对滑坡位移累积有却较大的相关性，其相关系数为0.65～0.69。滑坡位移量与有效融水（土体中的含水量）有很高的相关性，相关系数为0.89～0.92。

国内学者运用统计分析方法，从不同的角度分析了降雨与滑坡的关系。有学者以四川北部1981年暴雨滑坡为例，分析了地区滑坡发生的地质地貌和降雨条件，得出不同地质地貌条件下触发滑坡的降雨量不同的结论[169]。

降雨入渗下边坡的稳定性分析中，尤其是砂土、膨胀土等受雨水作用明显的非饱和土坡，所涉及的渗流场是暂态的，孔隙水压力的影响起到主导作用。考虑满足达西定律的降雨入渗的饱和-非饱和渗流数学模型，在非饱和土强度特征的基础上对砂土边坡进行稳定性分析计算，能够较为合理地阐述降雨引起的边坡失稳问题。

滑坡的发生，是斜坡岩土体平衡条件遭到破坏的结果，可通过斜坡的受力状况来解释。由于滑坡总是沿一定的滑动面运动的，所以在总体上，可看成如下关系，滑坡岩土体自重 P 沿滑动面可分为两个分力：一个是岩土体下滑的驱动力 T，另一个是垂直于滑动面的正压力 N，该力是产生滑面阻力的主要原因。当下滑的驱动力大于滑面阻力时，滑坡发生（图9-3）。

降雨与滑坡的发生有密切的关系，二者在时间上具有很好的一致性或略滞后性。滑坡多集中发生在降雨量多的年份，不少滑坡具有"大雨大滑，小雨小滑"的特点，这就形象地说明了水是滑坡的重要诱发因子。大气降雨引发的滑坡称为降雨型滑坡。降雨诱发的滑坡分布最广，发生频率最高，危害最大，是由水引起的滑坡的主要类型。降雨型滑坡是在降雨和渗透的作用下，斜坡平衡遭受破坏而产生的滑

动现象，其作用包括缓慢长期的斜坡变形和突然急剧的爆发过程。降雨与滑坡两者在空间上也有很好的一致性。降雨型滑坡成群集中分布在久雨、暴雨区和江河冲刷严重的沿岸地区。

对于由降雨因素导致的滑坡机理，当前可以总结为：降雨入渗使得边坡体内的地下水潜水位升高，滑面处岩土体软化，从而降低了边坡的稳定性，导致滑坡的发生。事实上，降雨渗入边坡岩土体，到达潜水面，经历了一个非饱和-饱和渗流过程，典型的含水率分布剖面可以分为四个区（如图9-4所示）。

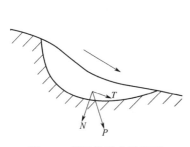

图 9-3　斜坡体受力示意图

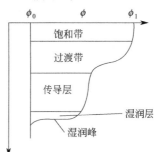

图 9-4　降雨入渗过程中
典型含水率分布剖面

降雨对滑坡的影响很大。降雨对滑坡的作用主要表现在，雨水的大量下渗，导致斜坡上的土石层饱和，甚至在斜坡下部的隔水层上积水，从而增加了滑体的重量，降低了土石层的抗剪强度，导致滑坡产生。降雨还会引起斜坡体内部的结构以及物理化学等因素向不利于稳定的方向变化，大部分都是间接地通过地下水的作用来实现的。从斜坡体安全系数方面着眼，可将其总结为两方面：一是水的作用会引起斜坡下滑力的增大；二是水的作用会引起斜坡抗剪强度的降低。这两个方面均会使斜坡的安全系数降低，最终导致形成滑坡。另外降雨导致斜坡体的动水压力和静水压力增加，当降雨入渗至基岩风化面或在隔水的各种黏土层处停滞下来时，坡体浸泡软化而形成软弱滑动面，将会促使并加速斜坡体的滑动。

总体来看，在滑坡形成和发展的复杂因素中，大气降水引起的降水入渗是滑坡的主要诱因。滑坡的发生不仅与雨量的大小有关，而且与滑坡发生的当天降雨及前期降雨特征关系密切。因此对滑坡发生前期降雨量、降雨特征的研究就很有必要。

9.2　降雨诱发滑坡的机理

9.2.1　降雨对斜坡体抗剪强度的影响

降雨会严重地削弱斜坡的抗剪强度，结合由 Fredlund 提出的双变量抗剪强度公式分析降雨对斜坡体抗剪强度的影响。

其中抗剪强度公式为

$$\tau_f = c' + (\delta - u_a)\tan\phi' + (u_a - u_w)\tan\phi' \tag{9-1}$$

式中　　τ_f——抗剪强度；

　$\delta - u_a$——破坏面的净法向应力；

$u_a - u_w$——破坏时破坏面基质吸力；

　u_w——破坏面上孔隙水压力。

（1）基质吸力的降低

在自然界中有很多坡很陡，却能保持长时间稳定；而有些坡虽然角度很缓，却在暴雨、连续阴雨期间或降雨过后发生失稳。这是斜坡土体的负孔隙水压力（或基质吸力）在非饱和土质边坡的稳定性方面起了重要作用。负孔隙水压力是由毛细管水带内水、气界面上的弯曲液面和表面张力引起的，相当于起到黏聚相邻土粒的作用，其对土坡稳定性的贡献在工程实践中已经得到证明。

（2）c'、ϕ'值的降低

降雨的作用会使斜坡土体的有效黏聚力 c' 及有效内摩擦角 ϕ' 降低。雨水会使黏土中的黏土矿物产生水化作用，且交换黏土中的盐基，相当于将易溶的胶结物洗掉，使颗粒间的结合力减弱，黏聚力降低，同时内摩擦阻力系数降低，即坡体的整体抗剪强度降低。经过一定的物理化学变化，坡体内的软弱面及软弱带土体等便可能发育成为滑带土，为滑坡的形成创造充分条件。另外，对于非饱和膨胀土边坡的降雨入渗使得原来的非饱和土层在竖向上发生膨胀，土体随膨胀而发生软化，也将导致土体抗剪强度降低。在有侧向压力约束的条件下，非饱和膨胀土吸水后的膨胀趋势就以膨胀力的形式表现出来。膨胀力的形成将直接导致边坡土体中水平方向应力增加，即土体中的剪应力增大，导致土体抗剪强度降低。地质体的成分、结构及环境条件形成的力的平衡特征决定了地质体的稳定性。滑坡环境条件的变化，表现为对滑坡岩体的加载及其结构和力学性能的改变等，从而降低了滑坡的稳定性能。一旦这个变化打破原来维持稳定的度，则诱发滑坡产生、复活。当遇到大雨或暴雨时，雨水会迅速进入到滑坡后缘裂缝和危岩体拉张裂缝，使裂缝中充满水而产生较大的侧向压力作用在裂缝壁上，使滑坡立即滑动。

9.2.2　降雨诱发滑坡的作用方式

降雨诱发滑坡主要包括两种方式。

（1）降雨对岩土体力学强度的影响

① 软化作用：水的软化作用指由于水的活动使岩土体强度降低的作用。

② 润滑作用：可溶盐、胶体矿物连接的岩石，当有水渗入时，可溶盐溶解，胶体水解，使原有的连接变为水胶连接，导致矿物颗粒间的连接力减弱，摩擦力减小，同时水胶起到润滑的作用。

③ 连接作用：束缚在矿物表面的水分子可通过其吸引力作用将矿物颗粒拉近、接紧，起连接作用。

④ 孔隙压力作用：对于孔隙和裂隙中含有重力水的岩土体，当其突然受荷载，水来不及排除时，就会在岩石或土体孔隙或裂隙中产生很高的孔隙水压力，即孔隙压力。

⑤ 溶蚀作用和潜蚀作用：当渗透水在岩土体内流动时，还可使其中的可溶物质被溶解带走，有时甚至将岩石或土体中的小颗粒冲走，从而使岩土体强度大大降低，这就是溶蚀作用和潜蚀作用。

⑥ 动水压力作用：如果斜坡岩土体是透水的，则地下水向坡下渗透的过程中会产生动水压力（渗透压力），其方向与渗流方向一致，指向下坡，这就加大了下滑力，因而对斜坡稳定是不利的。水与岩土体相互作用的一个主要结果就是降低了岩土体的内聚力和摩擦力。

（2）降雨侵蚀、冲刷坡脚，破坏坡体，改变边坡结构

降雨形成的地表水径流改造坡体表面，甚至形成各种类型的冲沟网或使坡体解体；雨水下渗，可以直接成为地下水的补给源，改变坡体原有的渗流场，使滑体或滑带处于干、湿交替状态，不利于坡体的稳定。大气降雨入渗界附近往往微、细颗粒富集，离子交换频繁，亲水成分增加，这是滑体中易变形的部位，成为滑体主滑控制界面之一。降雨补给地下水，导致地下水位变幅，久而久之，地下水位历年变化也促使滑坡在地下水位变幅带内微、细颗粒积聚。化学场的更新和亲水成分的增加，使地下水位变幅带成为易变形的部位，即另一滑体主滑控制界面。

（3）降雨对滑坡的作用阶段

① 早期孕育阶段。在降雨前，滑坡体本身的岩体内部孔隙变化不是很明显，处于自然状态下滑坡的边界不会出现较大的变形，但有些滑坡的滑床可能有即将滑动的趋势。

② 中期滑移阶段。在降雨发生后，滑坡体受降雨作用，岩体内部孔隙率增大，滑体重量增加，同时土体的抗剪强度减弱，滑坡体发生缓慢的蠕滑变形。随着降雨的大量入渗，岩土体的裂缝随着抗剪强度的降低而逐渐连通。滑床与滑体后缘开始出现较大的裂缝，从而导致降雨型滑坡的形成。

③ 晚期失稳阶段。当降雨量不断增加，坡体变形发展到一定阶段后，变形速率会呈现不断加速增长的趋势，直至滑坡开始失去稳定性。由于岩体内部裂缝的发展，滑动面已完全贯通，形成完整的滑面，从而导致降雨型滑坡开始沿着滑动面整体滑动，并出现重大的自然灾害。

总之，降雨诱发滑坡的机制是非常复杂的，但可以概括表现为促进滑移面剪应力增大及促使抗剪强度降低。孔隙水压力被认为是降雨诱发滑坡的最主要机制，太沙基有效应力原理对孔隙水压力的阐述为：降雨期间或降雨之后斜坡岩土体内孔隙水压力的升高使得潜在滑动面上的有效应力及抗剪强度较低，从而诱发滑坡。

9.3　降雨因素对边坡稳定性的影响

（1）降雨类型对滑坡的影响

当暴雨或持续降雨时，降雨对滑坡体的侵蚀和下渗作用加大，对滑坡体的稳定性不利。通过查阅文献，不论是哪一种降雨类型与降雨历时多长，降水量小于200mm的降雨均不会造成边坡失稳，也就是说，存在诱发滑坡的最小降水量，这是因为降水量小于200mm时，降水会完全入渗在土壤中，所造成的地下水位上升量不足以引发滑坡。然而，对于降水量大于200mm的降雨，滑坡的发生不仅与降雨历时有关，也与降雨类型有关。

对于降雨过程而言，每一场雨都呈现出不同的降雨特征。根据对降雨过程的大量统计分析，可将其概括为如图9-5所示的7类雨型。其中Ⅰ、Ⅱ、Ⅲ类单峰型雨型，其峰值分别位于前部、后部和中部；Ⅳ类为均匀型雨型，其降雨过程分布差异不大；Ⅴ、Ⅵ、Ⅶ类为双峰型雨型。

如果降雨的持续时间大于降雨历时阈值，降水量大于200mm的降雨会诱发滑坡。例如，降水量为240mm的递增型降雨，相应的降雨历时阈值为7h。换言之，如果降雨历时超过7h，降水量为240mm的递增型降雨会诱发滑坡。在具有代表性的降雨类型中，

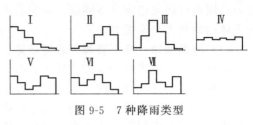

图 9-5　7 种降雨类型

递增型降雨（Ⅱ）的降雨历时阈值最大，其次为峰值型（Ⅲ）和均匀型降雨（Ⅳ）。此外，对每一种降雨类型，相应的降雨历时阈值都随着降水量的增加而减小，而且当降水量较大时，降雨历时保持不变。例如，对于均匀型降雨，当降水量大于350mm时，降雨历时阈值稳定在3.5h。因此，可以得出如下结论：降雨诱发的浅层滑坡，与降水量、降雨历时以及降水类型有关。

（2）降雨强度对滑坡的影响

通过对部分地区发生不同数量滑坡时累积降雨量和日降雨量的统计分析发现：累积降雨量在50～160mm、日降雨量在20mm以上时，就有小型浅层滑坡发生；当累积降雨量在150mm以上，日降雨量大于100mm时，随着降雨量的增加，滑坡的数量也增多，中等规模的堆积层滑坡和破碎岩土滑坡开始出现，当一次暴雨过程的累积降雨量在350mm以上，日降雨量大于110mm时，滑坡开始大量发生，并产生大型和巨型滑坡。对于同一规模不同类型的滑坡来说，基岩滑坡所需的降雨量（累积降雨量和日降雨量）要大于土层碎屑滑坡；而对同一类型不同规模的滑坡来说，规模大的滑坡往往需要较大的降雨量。

降雨强度越大，越容易发生滑坡崩塌。不同国家，地区由降雨诱发的滑坡临界降雨强度如表9-2所示。

表 9-2　滑坡临界降雨强度

国家和地区	总量/mm	日降雨量/mm	时降雨量/mm
巴西	250～300	—	—
美国加利福尼亚	180	—	>20～30
日本	>150～200	—	—
加拿大	250	—	—
四川盆地	—	>200	>70
长江奉节地区	280～300	140～150	—
中国香港	>250	>100	—
三峡库区堆积层滑坡	50～100	30	6
三峡库区中厚堆积层滑坡	150～200	120	10
三峡库区巨厚层大型堆积层滑坡	250～300	150	13

（3）降雨持续时间对边坡稳定性影响

忽略雨水的冲刷作用，连续密集的雨点作用可以简化为分布在坡底、坡面和坡顶的等价均布荷载或只是分布在坡顶的略高于等价荷载的均布载荷。同时降雨持续

时间的排水方式和水流径向也对边坡失稳产生影响，水流径向易于降水入渗到坡体深部时对边坡稳定不利。

当暴雨或持续降雨时，降雨对滑坡的侵蚀和下渗作用加大，对滑坡体的稳定性不利。降雨强度越大，发生滑坡的可能性越大。有学者综合三峡库区现有暴雨滑坡的降雨调查资料，分析比较不同类型滑坡的降雨强度得出：暴雨型滑坡的积累降雨量比久雨型滑坡偏低，而对于日降雨量而言，暴雨型滑坡比久雨型偏高，但同时两种雨型随着累积雨量的增加，触发滑坡的日降雨量都有减少的趋势。

（4）坡度对砂土边坡的稳定性影响

赵吉坤等[170]通过对坡度分别为 30°、38°、45°的 3 种土坡进行人工降雨试验，对坡面的 5 个等分观测点进行土坡滑动位移及含水率的观测，并在各土坡靠近坡面的相同位置选取土样进行 UU 三轴试验，测算黏聚强度。不同坡度的土坡降雨检测结果表明，土体坡度对边坡稳定性的影响因素存在以下规律：坡度较小的土坡沿坡面各分观测点竖向位移变化较小，而坡度较大的土坡竖向位移变化较大，且在上中部位置下滑更为明显；坡面各分观测点的含水率整体水平与坡度有关，坡度越小，则降雨后含水率越大，且在坡面中下部位置处的含水率变化更大；同等含水率的情况下，随着坡度的增加，土体黏聚强度有增长趋势，而对于同坡度的土坡而言，含水率越小，则黏聚强度越大。

（5）边坡加固及降雨对抗滑桩加固边坡的影响

边坡的加固处理很大程度上是对水的处理：在边坡防护中封堵滑坡顶部裂缝，充填黏土后进行夯实；在坡体顶部张裂缝外修筑截水沟拦截坡面流水；坡体表面无植被部分采用骨架护坡，骨架内喷草；1∶1 的坡面采用浆砌片石护面墙，同时埋设排水孔；坡脚与路基排水沟之间的平台用浆片护面。

抗滑桩是穿过滑坡体深入滑床的桩柱，用以支挡滑体的滑动力，起稳定边坡的作用，适用于浅层和中厚层的滑坡，是抗滑处理的主要措施。抗滑桩的平面位置和间距一般应根据滑坡的地层性质、推力大小、滑动面坡度、滑坡厚度、施工条件、桩截面大小以及锚固深度等因素综合考虑。滑体下部滑动面较缓，下滑力较小或系抗滑地段，适宜布置抗滑桩。实践表明，对地质条件简单的中小型滑坡，宜在滑坡前缘设 1 排抗滑桩，布置方向与滑体滑动方向垂直或接近垂直。对于轴向很长的多级滑动或推力很大的滑坡，宜设 2 排或 3 排抗滑桩分级处理，或下设挡土墙联合防治。抗滑桩的合理间距使桩间土体形成土拱状态，保证滑坡土体的稳定，抗滑桩的间距一般为桩径的 2～4 倍。

抗滑桩一般为钻孔就地灌注桩，水泥砂浆的渗透可提高桩周边一定厚度地层的强度，加上孔壁粗糙，桩与地层的黏结咬合十分紧密，在滑动面以上推力的作用下，桩可以把超过桩宽范围相当大的一部分土层的抗力调动起来，协同桩一起抗滑。这种桩-土共同作用的效能是坡体稳定性能的主要保证。抗滑桩并不直接承受外部荷载，而是桩周体在自重或外载荷发生变形或运动时受影响，因而属于被动桩一类。桩的抗滑稳定作用来自两个方面：一方面是桩的表面摩阻力，它将土体滑动面以上的部分土重传至滑动面以下，从而减少了滑动力；另一方面是桩本身刚度提供的抗滑力，它直接阻止土体的滑动。

抗滑桩设计原则如下。

① 整个滑坡体具有足够的稳定性。即抗滑稳定安全系数满足设计要求，保证滑体不越过桩顶，不从桩间挤出。

② 桩身要有足够的强度和稳定性。桩的断面和配筋合理，能满足桩内应力和桩身变形的要求。

③ 桩周围的地基抗力和滑体的变形都在容许范围内。

④ 抗滑桩的间距、尺寸、埋深等都比较适当，保证安全、方便施工，并使工程量最省。

9.4 降雨对边坡稳定性影响的数值仿真分析

9.4.1 计算模型

选取 4.3 节准朔铁路沿线边坡为研究对象，铁路坡经过冲积平原和河谷区域等地区，这些区域边坡集中，边坡土体多为风化砂质土。选取府谷县一典型边坡：土坡长 17m，坡高 12m，坡角 35°，砂土，其断面如图 9-6 所示。

线路所经地区属中温带亚干旱区，区内降雨稀少，气候干燥，夏季炎热，冬季寒冷，冬春两季多风，蒸发量大。按对铁路工程影响的气候分区为寒冷地区，沿线表水属黄河及桑干河水系，主要有黄河、偏关河、关河、清水河、桑干河等主要河流及其支流。仅黄河常年流水，其他河流为季节性河流，河水流量受季节控制，洪水季节流量大，在冬春季节河流干枯。地区气象要素见表 9-3。

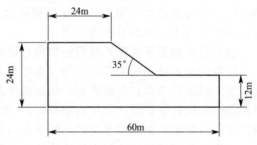

图 9-6 几何模型

表 9-3 沿线地区气象要素

项目	朔州	平鲁	偏关	准格尔旗
平均气温/℃	7.0	5.5	7.5	7.3
年平均降水量/mm	397.3	409.4	399.2	395.5
历年最大积雪深度/cm	18	24	14	12
历年年平均蒸发量/mm	2059.5	2271.9	2064.6	2029.1
土壤最大冻结深度/cm	125	143	161	150

铁路经过的准格尔旗境内，土壤分类有栗钙土、风沙土、潮土、盐土、黄绵土 5 类。研究区域以风沙土为主；各土类零星分布，多处于山顶平台和缓坡处，栗钙土的分布区域最大，范围最广，多分布在二级河流和二级阶地及低山丘陵处。铁路沿线地区植被类型属于温带草原地带，整个植被景观属于森林草原向典型草原过渡的地带性植被。鄂尔多斯市地处半干旱荒漠、半荒漠草原地带，植被稀疏，主要植被为沙生、旱生灌木，从东南向西北依次可以划分为典型草原、荒漠草原和草原荒漠。

在研究降雨入渗对边坡影响之前，先对排除所有水利条件的简单模型进行有限元模拟、安全系数的计算，以便与之后降雨条件下的模型对照分析。取边坡二维模型进行稳定性分析，模型尺寸如图 9-7 所示，土体材料视为均质各向同性。土体天然重度 $\gamma = 17.5\text{kN/m}^3$，饱和重度 $\gamma_s = 20.4\text{kN/m}^3$，非饱和参数为：有效黏聚力 $c' = 11.42\text{kPa}$。有效内摩擦角 $\phi' = 35°$，无水利边界条件。

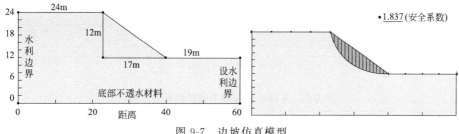

图 9-7　边坡仿真模型

由表 9-4 比较多种计算方法的结果，Morgenstern-price 法与条分法原理基本相同，计算迭代方式不同，两者所得结果相近。相较 Bishop 法，Janbu 法考虑土条间切向力 F_{vi}，假设条件比 Bishop 法更为准确，所得安全系数结果略小于 Bishop 法，且数值与刚体极限平衡法所得相近。总体看来多种计算方法下的安全系数并无显著差异，因此软件模拟边坡安全系数是可信的。

表 9-4　不同极限平衡法计算的安全系数

计算方法	Morgenstern-price	刚体极限平衡法	Bishop	Janbu
安全系数	1.837	1.711	1.846	1.687

考虑地下水利因素对边坡的影响，在边坡基础模型上添加边界条件：边坡左边 14m 水头高度，右边 12m 水头高度，底部为不透水边界。该水利条件下安全系数为 1.776，如图 9-8 所示。

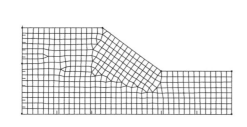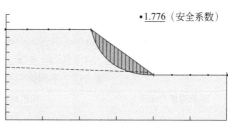

图 9-8　地下水渗流条件下的边坡安全系数

9.4.2　降雨强度和持续时间对边坡稳定性的影响

分析降雨入渗对边坡安全系数的影响，是在图 9-7 的基础上加入降雨条件。首先计算了 20mm/d 的降雨条件下（中雨）边坡的安全系数。入渗边界：土坡表面及斜坡处均为入渗边界，取流量边界或水头边界。当降雨强度小于表层土体渗透性时，入渗边界取为流量边界；当降雨强度大于表层渗透性时，土坡表面形成积水或径流，此时按水头边界处理，如图 9-9 所示。

不同水利条件下边坡的安全系数如表 9-5 所示。

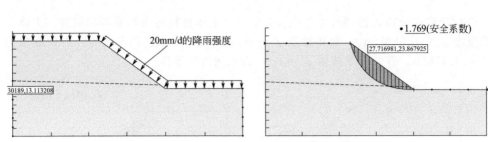

图 9-9　降雨 20mm/d 下的边坡安全系数

表 9-5　不同水利条件下边坡的安全系数

边坡情形	没有水利条件	只有地下水渗流	渗流条件下 20mm/d 降雨
安全系数	1.837	1.776	1.769

宏观来看，水利条件对边坡安全系数性都起了降低的作用。无论是地下水渗流还是降雨入渗，在接触到滑坡危险截面时安全系数下降最为显著。

设定相同的降雨强度（20mm/d），计算了不同降雨持续时间条件下的边坡安全系数，如表 9-6 所示。

表 9-6　20mm/d 降雨强度下边坡安全系数

降雨持续时间	4h	12h	24h	5d	10d	15d
安全系数	1.783	1.772	1.769	1.772	1.765	1.765

如表 9-6 所示，降雨强度不变，降雨持续时间越长对边坡影响越大。因土体材料各异，在大致 10d 范围以内，持续时间越长安全系数越低。降雨入渗对非饱和区域的显著影响表现为入渗增加非饱和区的孔隙水压力，减小土体有效应力；从而导致抗剪强度减小，是安全系数降低的主要因素。降雨入渗增大孔隙水压力的深度随时间增加而加深，在降雨持续 2~10d 内到达边坡软弱面，此时边坡处于最危险阶段，安全系数的计算值最小；合理解释了滑坡滞后的原因。

分别取 20mm/d、60mm/d、100mm/d 的降雨强度，横向比较降雨强度对边坡孔隙水压力和安全系数的影响。不同降雨强度下的边坡安全系数如表 9-7 所示。

表 9-7　不同降雨强度下边坡的安全系数

降雨强度/(mm/d)	持续时间/d	安全系数
20	10	1.765
60	10	1.747
100	10	1.744

由表 9-7 可知，相同持续时间条件下：降雨强度增大导致边坡入渗加深，孔隙水压力增大，安全系数降低，对边坡安全不利。

9.5　降雨强度和持续时间对边坡变形的影响

分别取 20mm/d、60mm/d、100mm/d 的降雨强度外加 12h 内 140mm 的极端降雨强度，模拟分析降雨强度对边坡各个部分变形的影响。分析结果如图 9-10～图 9-13 所示。

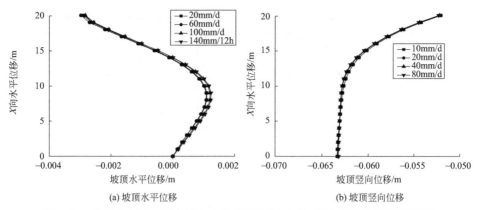

(a) 坡顶水平位移   (b) 坡顶竖向位移

图 9-10   降雨强度对坡顶水平和竖向位移的影响（扫描前言二维码查看彩图）

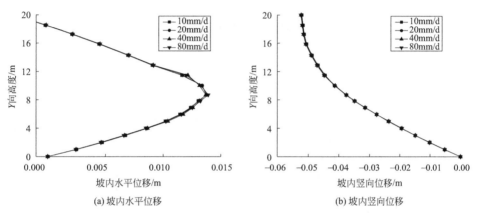

(a) 坡内水平位移   (b) 坡内竖向位移

图 9-11   降雨强度对坡内水平和竖向位移的影响（扫描前言二维码查看彩图）

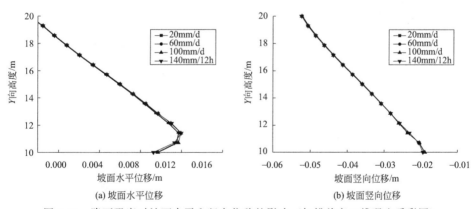

(a) 坡面水平位移   (b) 坡面竖向位移

图 9-12   降雨强度对坡面水平和竖向位移的影响（扫描前言二维码查看彩图）

    由图 9-10～图 9-13 可知，降雨强度对边坡的变形影响并不明显。降雨强度从 20mm/d 到 100mm/d 至 140mm/12h 的极端强降雨时边坡的四条变形曲线仍接近重叠，说明降雨引起的边坡形变是在降雨初期短时间发生的，且形变量基本固定。该形变在斜坡与坡顶接触点和坡底接触点出现峰值，水平向位移较大，总体表现为前移、滑出趋势。变形量峰值区域与边坡危险滑面的滑入面和滑出面有很好的对应关系。

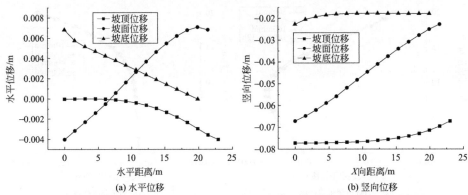

(a) 水平位移   (b) 竖向位移

图 9-13　坡顶、坡面、坡底水平和竖向位移比较（扫描前言二维码查看彩图）

9.6　降雨入渗对边坡应力的影响

研究降雨强度为 20mm/d、60mm/d、100mm/d 和 140mm/12h 时对边坡有效应力的影响，如图 9-14～图 9-18 所示。

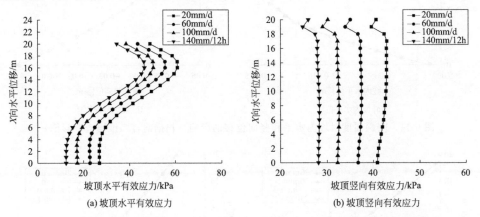

(a) 坡顶水平有效应力   (b) 坡顶竖向有效应力

图 9-14　降雨强度对坡顶水平和竖向有效应力的影响（扫描前言二维码查看彩图）

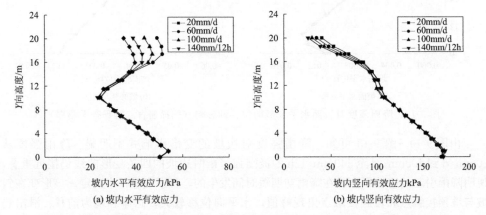

(a) 坡内水平有效应力   (b) 坡内竖向有效应力

图 9-15　降雨强度对坡内水平和竖向有效应力的影响（扫描前言二维码查看彩图）

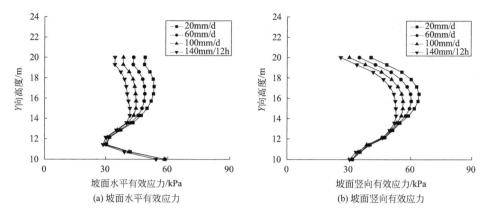

图 9-16 降雨强度对坡面水平和竖向有效应力的影响（扫描前言二维码查看彩图）

由图 9-14～图 9-16 可知，降低入渗区域的有效应力，对水平向和垂直向有效应力均有影响，影响范围在数值量上大小相当。在降雨没有引起坡体的土体流失的情况下，降雨强度对有效应力的影响并不显著。有效应力变化主要发生在坡顶和斜坡坡面内，在坡脚的变化很小；特别是滑坡出口以外的区域，有效应力基本没有变化。

9.7 边坡强度参数和坡型对边坡安全系数的影响及边坡的加固

边坡土体的强度参数和坡型影响边坡稳定性。不同坡高、坡角、基质吸力和内摩擦角对安全性的影响程度不同，在相同坡高和坡角下内摩擦角和基质吸力对安全系数的敏感程度不同，在边坡比较平缓时土体内摩擦角比基质吸力敏感程度高，对安全系数的影响较大。通过控制单一变量对基质吸力、内摩擦角、边坡高度和角度模拟分析，可以区分出不同型边坡可能发生浅层滑坡或深层滑坡，可以对危险边坡加固提供依据。

边坡加固措施一般有抗滑桩、锚杆、重力式挡墙和土钉墙等。局部失稳可用锚杆加固，但锚固点需要是坚硬岩石；挡墙加固可以设置在滑床之下，但体积庞大，过于厚重；抗滑桩加固分级支撑滑体，深入基础部分锚固后承担大部分滑动推力，施工方便，布置灵活，易于和其他加固方式联合使用，形成桩墙联合加固或桩板联合加固，是当前边坡处理的主要方式。研究区域大部分为砂质边坡，岩体风化程度高，不宜采用锚固形式的加固方法，挡土墙的施工对边坡影响过大，不适合在可能产生滑坡的边坡布置施工。综合考虑边坡土体、施工布置和影响范围，对边坡的加固方式采用抗滑桩。

抗滑桩应用于整治边坡有如下优点。

① 与抗滑挡墙比较，抗滑桩的抗滑能力大，工程量小。

② 桩位置比较灵活，可集中布置、分级布置、单独布置或者与其他支挡工程配合使用。

③ 抗滑桩施工时破坏滑体范围小，施工时滑坡状态稳定。

④ 施工简便，采用混凝土护壁后施工安全。

⑤ 成桩后能立即发挥作用，有利于边坡稳定，而且施工不受季节限制。

⑥ 施工开挖桩孔过程易于比对地质资料，如有出入可及时修改设计，采用抗滑桩处理滑坡时，可不做复杂的地下排水工程。

9.7.1 边坡强度参数和坡型对边坡安全系数的影响

本节模拟分析边坡土体及边坡自身元素对稳定性的影响，采用单一变量模拟同型边坡在不同黏聚力、内摩擦角、高度和角度下的安全系数。除列出的参数改变，其他参数与初始边坡相同，见表 9-8～表 9-11。

表 9-8 内摩擦角对边坡安全系数的影响

内摩擦角/(°)	10	20	30	40
安全系数	0.772	1.173	1.605	2.061

表 9-9 黏聚力对边坡安全系数的影响

黏聚力/kPa	0	5	10	15	20	25	30
安全系数	0.994	1.448	1.748	1.999	2.189	2.362	2.535

表 9-10 坡角 35° 下边坡高度对安全系数的影响

边坡高度/m	4	6	8	10	12
安全系数	2.718	2.302	2.065	1.930	1.834

表 9-11 坡高 12m 时边坡角度对安全系数的影响

边坡角度/(°)	25	35	45	55
安全系数	2.399	1.834	1.485	1.279

由表 9-8～表 9-11 可知：边坡的安全系数随着内摩擦角的增加而增大，随着安全系数的增大，滑坡最危险截面向边坡浅层移动；土体内摩擦角大的边坡更容易发生浅层滑坡，边坡安全系数随着内聚力的增大而增加，随着安全系数的增加，滑坡最危险截面向边坡深层移动；土体内聚力大的边坡更容易发生深层滑坡，边坡安全随边坡角度、高度的增加而减小，边坡角度和高度的变化并不显著影响滑坡体的形状和深度，只是拉长或缩短滑坡的弧形。

9.7.2 抗滑桩加固后砂质边坡的稳定性分析

抗滑桩是边坡加固的一种重要方法，抗滑桩在穿过滑坡体后植入基岩或未滑动区域，锚固底端通过上部土体和桩的摩擦咬合使来稳定滑坡体。该法在处理浅层和中厚层滑坡时作用明显。由材料分类，抗滑桩可以分为木桩、混凝土桩和钢桩；由施工方法方法可分为灌注桩和预制桩；桩之间的排列可以采用相互连接、相互间隔或者是下部间隔顶部连接等方式。

抗滑桩深入滑裂面以下的锚固段提供阻止滑坡的抗力，合理选择锚固深度可优化边坡的稳定性。通过实际工程经验，滑裂面以下基岩是硬质岩时，抗滑桩植入深度取设计桩长值的 1/4；为软质岩时取设计桩长值的 1/3；土质基层则取设计桩长的 1/2；对于滑坡体是贴近基岩的情况时，锚固深度可取桩径的 2～5 倍。抗滑桩的设计考虑桩间距以保证土体不会从桩间滑出，也不会从桩顶滑出，一般取桩径的 3～5 倍为宜。由滑坡现场的水文、滑坡推力、施工方便来选取桩的材料和加强耐久性。抗滑桩的施工多数在已发生滑坡或滑坡迹象明显的边坡上，施工设计应注重减小震动和避免大量人员活动。

通过分析边坡土体条件和地下水环境，抗滑桩需要有抗冻融和耐久性要求。本章所取案例地下水位 12m，处于较高的水平，在此环境下钢抗滑桩易锈蚀，木抗滑桩不能提供足够的抗剪强度；因而采用钢筋混凝土桩进行边坡加固，先通过模拟分析确定桩所需抗剪承载力和布置位置后，通过选取不同强度混凝土和布置钢筋来确定截面和配筋。

通过改变抗滑桩的受剪承载力来模拟不同材料引起的差异，剪切承载力分别取 100kN、300kN、500kN；通过比较确定同一种抗滑桩植入边坡的不同位置时对安全系数的影响。不同位置的取点及结果比较见图 9-17～图 9-19。

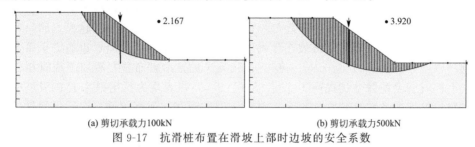

(a) 剪切承载力100kN　　　　　　　　　　(b) 剪切承载力500kN

图 9-17　抗滑桩布置在滑坡上部时边坡的安全系数

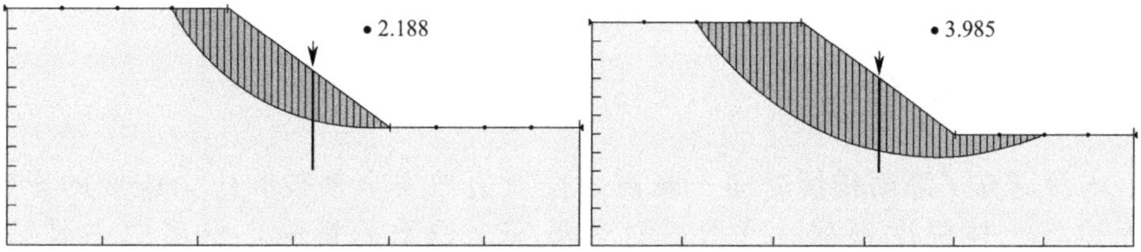

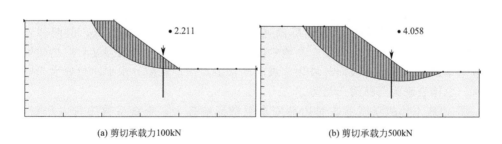

(a) 剪切承载力100kN　　　　　　　　　　(b) 剪切承载力500kN

图 9-18　抗滑桩布置在滑坡中部时边坡的安全系数

(a) 剪切承载力100kN　　　　　　　　　　(b) 剪切承载力500kN

图 9-19　抗滑桩布置在滑坡下部时边坡的安全系数

在不同承载力和不同降雨强度时，加固后边坡的安全系数如表 9-12 和表 9-13 所示。

表 9-12　不同承载力抗滑桩在滑坡不同位置下的安全系数

布置位置	剪切承载力		
	100kN	300kN	500kN
上部	2.167	3.01	3.920
中部	2.188	3.08	3.985
下部	2.211	3.152	4.058

表 9-13　不同降雨强度 3d 降雨持时下对加固边坡的安全系数

降雨强度 /(mm/d)	抗滑桩承载力		
	100kN	300kN	500kN
20	2.137	3.06	3.997
60	2.10	2.961	3.957
100	2.078	2.90	3.922

由表 9-12 和表 9-13 可知，抗滑桩剪切承载力越大，对边坡的安全系数贡献越大；但是对边坡滑坡区域的影响也越大，在初期形成的滑坡中，植入的抗滑桩抗剪强度越大，滑坡的再次出现的危险截面位置就越深，影响范围也就越大。同一种抗滑桩在边坡的不同位置时对滑坡产生的滑裂面并无明显改变，但对边坡安全系数的影响却很明显。承载力 100kN、300kN、500kN 的抗滑桩布置在滑坡下部时相较布置在上部时安全系数分别提高了 2%、5%、3.5%，表现为抗滑桩布置在滑坡中下部时对边坡安全系数有较大的提高。对同一边坡而言，强度较低、变形呈塑性的抗滑桩对边坡的滑裂面影响较小，主要是形变吸能增加全系数；而强度较大变形呈刚性的抗滑桩对边坡的滑裂面影响显著，通过改变滑裂面提供安全系数，通过以上分析成果，可以为边坡的监测提供依据。

9.8　本章小结

本章研究了降雨持续时间、降雨强度对边坡安全系数和应力应变的影响，以及边坡土体强度参数、抗滑桩对边坡安全系数的影响，得出的主要结论如下。

① 降雨是引起滑坡的重要因素，降雨入渗引起土体孔隙水压力增大导致有效应力减小是引起滑坡的主要原因。降雨强度不变的情况下，降雨持续时间越长，边坡安全系数越低。

② 相同的降雨持续时间下，降雨强度越大，边坡安全系数越低，但两者着并不成线性。暴雨和大暴雨对安全系数的降低程度相当。不同降雨强度对应的边坡形变量基本固定。变形在坡面与坡顶和坡底的接触点出现峰值，水平向位移大于竖向位移，总体表现为前移滑出趋势。

③ 边坡土体的强度参数对边坡安全系数影响较大，安全系数随着内摩擦角、内聚力的增大而增大，且两者会影响滑裂面的形状。表现为土体内摩擦角大的边坡更容易发生浅层滑坡，内聚力大的边坡更容易发生深层滑坡。

④ 边坡安全系数随着边坡角度、高度的增加而减小，高度和角度不显著影响滑坡体的形状和深度，只是拉长或缩短滑裂面的弧形。

⑤ 边坡中植入抗滑桩的抗剪承载力越大，对边坡安全系数的提升就越大，但承载力大的抗滑桩会加深滑裂面的位置，可能会引起二次更大程度的滑坡。

⑥ 抗滑桩植入边坡位置不同，提升安全系数程度不同，相同抗滑桩在植入边坡中下部时比设置在上部时多贡献 2%～5% 的安全系数。合理设计抗滑桩强度可以在不改变危险滑裂面的情况下提高边坡安全系数。

第**10**章

岩质边坡地震稳定性分析

10.1 顺层边坡稳定性分析

10.1.1 离散元强度折减法原理

强度折减法中边坡安全系数 F_s 定义为：将岩土体的抗剪强度指标——黏聚力 C 和内摩擦角 ϕ，用一个折减系数进行折减，然后用折减后的虚拟抗剪强度指标 C_F 和 ϕ_F 取代原来的抗剪强度指标。折减系数的初始值取得足够小，以保证开始时是一个近乎弹性的问题，然后不断增加折减系数的值，折减后的抗剪强度指标逐步减小，直到某一个折减抗剪强度下整个边坡发生失稳，那么在发生整体失稳之前的那个折减系数值，即岩土体的实际抗剪强度指标与发生虚拟破坏时折减强度指标的比值，就是边坡的稳定安全系数，如式（10-1）和式（10-2）所示。

$$C_F = C/F_s \tag{10-1}$$

$$\phi_F = \tan^{-1}\frac{\tan\phi}{F_s} \tag{10-2}$$

式中　C_F——折减后土体虚拟的黏聚力；

　　　ϕ_F——折减后土体虚拟的内摩擦角。

10.1.2 顺层边坡数值仿真模型

本节以顺层岩质边坡为研究对象，边坡高 40m，坡角为 45°，结构面间距为 3m，结构面倾角为 25°，参数如表 10-1 所示。边坡底部为固定约束边界条件，左右两侧为水平位移约束条件，其他面为自由边界，计算模型如图 10-1 所示。本文重点分析岩体结构面对边坡稳定性的影响，结构面各参数（结构面间距、倾角、法向刚度、剪切刚度、内聚力和摩擦角）作为变量处理。

表 10-1 边坡岩体计算参数

类型	泊松比	密度/(kg/m³)	体积模量/GPa	剪切模量/GPa	剪切刚度/(GPa/m)	法向刚度/(GPa/m)	黏聚力/MPa	内摩擦角/(°)	抗拉强度/MPa
岩体	0.3	2550	14.17	6.54	1	1	0.14	29	2.1

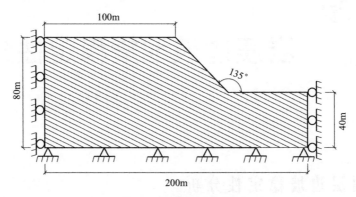

图 10-1 结构的计算模型

10.1.3 结构面各参数对边坡的稳定性影响分析

为了进一步明确结构面各参数对边坡破坏模式的影响规律，分别对结构面各参数进行变化，以表 10-1 结构面参数为基础，分别变化结构面各参数，研究结构面对边坡破坏模式的影响分析，具体计算方案设计见表 10-2。

表 10-2 计算方案设计

计算方案	结构面间距 (A)/m	结构面倾角 (B)/(°)	结构面黏聚力 (C)/KPa	结构面摩擦角 (D)/(°)	结构面刚度 (E)/(GPa/m)
1	3	25	50	15	1
2	5	35	100	25	6
3	7	45	150	35	11
4	9	55	200	45	16
5	11	60	250	50	21
6	13	65	300	55	26
7	15	70	350	60	31
8	17	75	400	65	36

通过数值仿真分析，可得结构面各因素对边坡的安全系数影响规律如图 10-2 所示。

由图 10-2（a）和图 10-2（b）发现，当结构面强度参数值小于边坡岩体强度参数值时，随着结构面强度参数的增加，边坡安全系数呈线性增长，当结构面强度参数值超过边坡岩体强度参数值后，随着强度参数值的增加，安全系数的增幅逐渐减小，直到结构面强度参数值超过边坡岩体强度参数值某一倍数后，随着结构面强度参数的增加，边坡的安全系数趋于不变。对于结构面黏聚力超过边坡岩体强度参数的 1.78 倍，时边坡安全系数呈现不变的趋势，结构面摩擦角超过边坡岩体内摩擦角的 1.4 倍时，安全系数基本保持不变。分析其原因为：当结构面强度参数值小

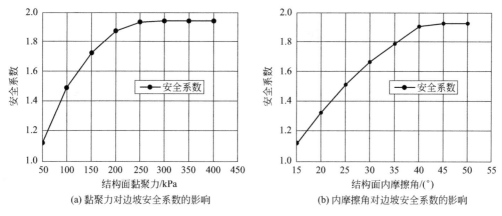

(a) 黏聚力对边坡安全系数的影响　　　　　(b) 内摩擦角对边坡安全系数的影响

图 10-2　结构面强度参数对边坡安全系数的影响

于岩体强度参数值时，边坡的破坏受控于结构面强度参数，从而呈现出线性关系，当结构面强度参数值超过岩体强度一定值时，边坡的破坏受控于边坡岩体强度参数，从而随着结构面强度参数的增加呈现不变的趋势。

　　由于坡体在滑动失稳时滑动面两侧岩土体的速度矢量场存在不连续变化的特征，因此可以根据失稳破坏时坡体的速度矢量场来确定潜在滑动面的位置。为了进一步明确结构面强度参数对边坡破坏模式的影响，本章提取了结构面强度参数变化时边坡的速度矢量图，如图 10-3 和图 10-4 所示。

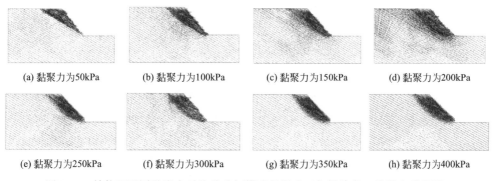

(a) 黏聚力为50kPa　　(b) 黏聚力为100kPa　　(c) 黏聚力为150kPa　　(d) 黏聚力为200kPa

(e) 黏聚力为250kPa　　(f) 黏聚力为300kPa　　(g) 黏聚力为350kPa　　(h) 黏聚力为400kPa

图 10-3　结构面不同黏聚力对边坡破坏模式的影响（扫描前言二维码查看彩图）

　　当结构面黏聚力小于边坡岩体的黏聚力时，边坡的破坏模式为顺层滑移破坏模式，如图 10-3(a) 和（b）所示。当结构面的黏聚力和内摩擦角大小超过边坡岩体的黏聚力和内摩擦角时，破坏模式从顺层滑移逐渐转变为滑移-弯曲破坏模式，滑移面由平面转化为圆弧面，如图 10-3(d)～(h)所示，且边坡破坏模式的转变均开始于结构面黏聚力和内摩擦角与边坡岩体黏聚力和内摩擦角相等时，如图 10-3(c)所示，进一步验证了本章结构面强度参数对边坡安全系数的影响规律的准确性。

　　由图 10-4 可以看出，随着结构面内摩擦角的增大，边坡的破坏模式与结构面黏聚力的影响表现出相同的变化规律，即当结构面内摩擦角小于边坡岩体的内摩擦角时，边坡的破坏模式主要为顺层滑移破坏模式，如图 10-4(a)～(c)所示，当结构面的黏聚力超过边坡岩体的内摩擦角时，破坏模式从顺层滑移逐渐转变为滑移-弯

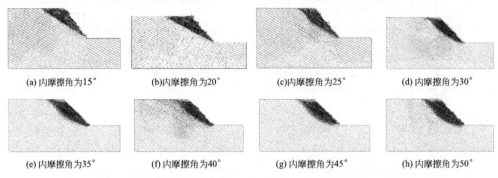

| (a) 内摩擦角为15° | (b)内摩擦角为20° | (c)内摩擦角为25° | (d) 内摩擦角为30° |

| (e) 内摩擦角为35° | (f) 内摩擦角为40° | (g) 内摩擦角为45° | (h) 内摩擦角为50° |

图 10-4 结构面内摩擦角对边坡破坏模式的影响（扫描前言二维码查看彩图）

曲破坏模式，滑移面由直线形转化为圆弧形，如图 10-4（e）～（h）所示，且边坡破坏模式的转变均开始于结构面内摩擦角与边坡岩体内摩擦角相等时，见图 10-4（d）。

由图 10-5 可知，结构面刚度和结构面间距变化对安全系数的影响不大，随着结构面刚度和结构面间距的增加，安全系数变化幅度很小，其最大变化率分别为 6.6％和 3.6％，这说明变形参数和结构面间距对于边坡稳定性的影响有限。

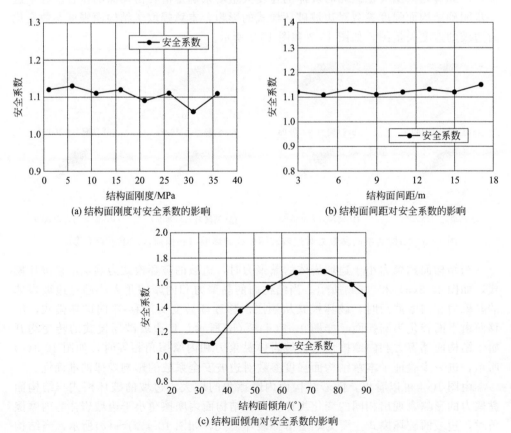

(a) 结构面刚度对安全系数的影响

(b) 结构面间距对安全系数的影响

(c) 结构面倾角对安全系数的影响

图 10-5 结构面刚度、结构面间距及结构面倾角对边坡安全系数的影响规律

由图 10-5（c）可知，当结构面倾角小于坡角时，随着结构面倾角的增大，边坡安全系数有减小的趋势，当结构面倾角大于坡角时，随着结构面倾角的增大，安全系数呈现增大的趋势，直到结构面倾角达到 75°时达到最大值 1.69，之后随着结构面倾角的增大，边坡的安全系数又出现减小的趋势，说明在结构面倾角小于坡角时，随着结构面倾角的增大，滑块在重力作用下的下滑力增大，导致边坡安全系数的减小，当结构面倾角大于坡角一定角度时，边坡的破坏主要是由边坡岩体的弯折破坏导致的，当结构面倾角超过边坡坡角某一角度时（本章为 75°）由于边坡岩体在重力作用下极易出现倾倒破坏，从而导致边坡安全系数减小。

图 10-6～图 10-8 揭示了结构面刚度、结构面间距及结构面倾角对边坡破坏模式的影响。

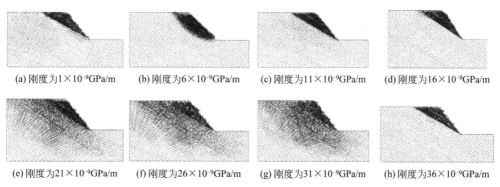

(a) 刚度为 1×10^{-9}GPa/m   (b) 刚度为 6×10^{-9}GPa/m   (c) 刚度为 11×10^{-9}GPa/m   (d) 刚度为 16×10^{-9}GPa/m

(e) 刚度为 21×10^{-9}GPa/m   (f) 刚度为 26×10^{-9}GPa/m   (g) 刚度为 31×10^{-9}GPa/m   (h) 刚度为 36×10^{-9}GPa/m

图 10-6　结构面刚度对边坡破坏模式的影响（扫描前言二维码查看彩图）

由图 10-6 可以看出，在顺层边坡中，当结构面间距不断增大时，边坡主要受到自重引起的顺层滑移力作用，主要是沿着层面顺层的滑动破坏。

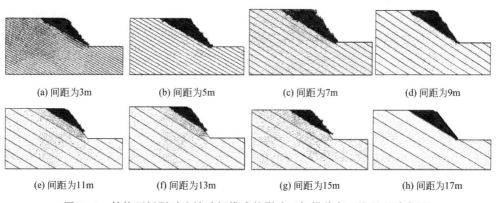

(a) 间距为 3m   (b) 间距为 5m   (c) 间距为 7m   (d) 间距为 9m

(e) 间距为 11m   (f) 间距为 13m   (g) 间距为 15m   (h) 间距为 17m

图 10-7　结构面间距对边坡破坏模式的影响（扫描前言二维码查看彩图）

由图 10-7 可以看出，在顺层边坡中，当结构面间距不断增大时，边坡主要受到自重引起的顺层滑移力作用，其破坏模式并没有发生变化，依然是沿着层面顺层滑动。因此，结构面间距变化对边坡破坏模式并不产生影响。

由图 10-8 可以看出，当结构面倾角小于边坡坡角时，边坡的破坏为楔形滑动破坏模式，当结构面倾角大于边坡坡角时，发现坡脚容易应力集中，出现屈服，位

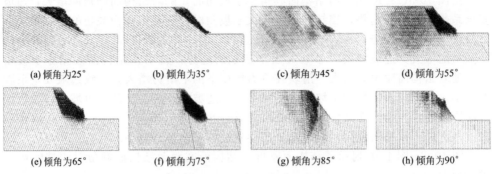

(a) 倾角为25°　　(b) 倾角为35°　　(c) 倾角为45°　　(d) 倾角为55°

(e) 倾角为65°　　(f) 倾角为75°　　(g) 倾角为85°　　(h) 倾角为90°

图 10-8　结构面倾角对边坡破坏模式的影响（扫描前言二维码查看彩图）

移较大，边坡的破坏模式由顺层滑动转变为滑移-溃屈破坏，如图 10-8(c)～(f) 所示，直到结构面倾角达到 85°，边坡的破坏模式开始由滑移-溃屈破坏逐步向倾倒破坏模式转变，如图 10-8(g) 所示，进一步验证了本文中结构面倾角对边坡安全系数影响规律的准确性。

10.1.4　结构面各参数对边坡的稳定性影响的敏感性分析

对边坡而言，结构面各参数对其稳定性影响显著性不同，有必要确定各参数对顺层边坡稳定性影响的敏感性大小。在实际问题中考虑 1 个因素或 2 个以上因素对计算结果的显著性分析可以选用一元或二元方差分析，而本章顺层边坡的稳定性需考虑多个因素对其稳定性的影响，可采用正交试验的方法进行分析。

正交试验设计是指从全部试验中挑选出代表性强的少数试验方案，用较少的试验次数，对结果进行分析，找出最优的方案。

设 A、B、C、$\cdots$，为不同的因素，i（$i=1$, 2, $\cdots$）为各因素的水平数，P_{ij} 表示表示第 j 个因素的第 i 水平的值。在 P_{ij} 下进行试验得到第 j 个因素在第 i 水平的试验结果为 Q_{ij}，在 P_{ij} 下做 n 次试验得到 n 个试验结果分别记为 Q_{ijk} 则

$$K_{ij} = \sum_{k=1}^{n} Q_{ijk} \tag{10-3}$$

式中　K_{ij}——因素 A_j 第 i 水平的统计参数；

　　　n——因素 A_j 在 i 水平下的试验次数。

评价因素显著性的参数为极差 R_j，其计算公式见式(10-4)

$$R_j = \max\{K_{1j}, K_{2j}, K_{3j}, \cdots, K_{ij}\} - \min\{K_{1j}, K_{2j}, K_{3j}, \cdots, K_{ij}\} \tag{10-4}$$

极差大小的顺序即为因素的水平对试验结果影响大小的顺序。

为了明确结构面各参数对边坡稳定性的影响规律，采用正交试验进行数值分析，研究结构面间距（A）、结构面倾角（B）、结构面黏聚力（C）、结构面摩擦角（D）、结构面刚度（E）对边坡的稳定性的影响规律，即以边坡稳定安全系数为指标进行多因素单指标计算分析。不考虑各因素的交互作用，即假定它们之间相互没有影响。本次试验采用五因素四水平正交分析，即每个影响因素有四个可选取的值进行研究，如表 10-3 所示，并至少要进行 16 次正交试验，即为 L16（4^5）正交试验表（见表 10-4）。

表 10-3　各因素取值和水平表

正交水平	结构面间距(A)/m	结构面倾角(B)/(°)	结构面黏聚力(C)/kPa	结构面摩擦角(D)/(°)	结构面刚度(E)/(GPa/m)
1	3	25	50	15	1
2	5	35	100	25	6
3	7	45	150	35	11
4	9	55	200	45	16

表 10-4　正交方案的选取

正交方案	结构面间距(A)/m	结构面倾角(B)/(°)	结构面黏聚力(C)/kPa	结构面摩擦角(D)/(°)	结构面刚度(E)/(GPa/m)	安全系数(F_s)
1	3	25	50	15	1	1.12
2	3	35	100	25	6	1.73
3	3	45	150	35	11	1.92
4	3	55	200	45	16	1.92
5	5	25	100	35	16	1.91
6	5	35	50	45	11	1.75
7	5	45	200	15	6	1.88
8	5	55	150	25	1	1.91
9	7	25	150	45	6	1.92
10	7	35	200	35	1	1.89
11	7	45	50	25	16	1.62
12	7	55	100	15	11	1.79
13	9	25	200	25	11	1.92
14	9	35	150	15	16	1.74
15	9	45	100	45	1	1.91
16	9	55	50	35	6	1.8

通过数值分析求出各因素不同组合下的边坡的安全系数，并对其进行极差分析，如图 10-9 和图 10-10 所示。

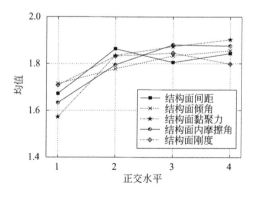

图 10-9　结构面各参数均值

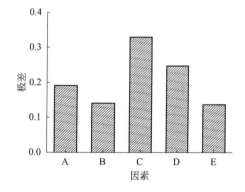

图 10-10　结构面各参数极差

图 10-9 中横坐标为各因素水平分类，水平值按表 10-3 所列水平的顺序排列，纵坐标反映安全系数 F_s 的统计参数值，对各因素趋势分析发现，边坡的安全系数随着结构面黏聚力、内摩擦角、结构面倾角的增大均表现出增大的趋势，其中结构

面的黏聚力和内摩擦角对安全系数的影响幅度最大，结构面倾角对边坡安全系数的影响幅度比较小。而边坡安全系数随着结构面刚度和结构面间距增加到一定值时，出现减小的趋势。由图 10-9 可知，边坡稳定安全系数计算值最大时的方案为 $A_2B_4C_4D_3E_3$，即在此水平下计算的边坡的安全系数最大，此时边坡最稳定。边坡稳定安全系数计算值最小时的方案为 $A_1B_1C_1D_1E_1$，即在此方案下边坡的稳定性最差。

由图 10-10 可知，极差从大到小的顺序依次为 R_C、R_D、R_A、R_B、R_E，可知在考虑的结构各参数中，结构面黏聚力对边坡稳定性影响最大，其次为结构面摩擦角、结构面间距、结构面倾角、结构面刚度，其中结构面倾角和结构面刚度对边坡稳定性系数的影响程度相差不大。

10.2 软硬互层边坡地震动力响应数值模拟

10.2.1 边坡的动力有限元分析方法

地震作用下，岩质边坡的动力分析同其他固体力学一样，可归结为求解如下动力方程

$$[M]\{\ddot{u}\}_t + [C]\{\dot{u}\}_t + [K]\{u\}_t = F(t) \tag{10-5}$$

式中　$[M]$——整体质量矩阵；

$\quad\quad[C]$——整体阻尼矩阵；

$\quad\quad[K]$——整体刚度矩阵；

$\quad\quad\{\ddot{u}\}_t$——节点加速度；

$\quad\quad\{\dot{u}\}_t$——节点速度；

$\quad\quad\{u\}_t$——节点位移；

$\quad\quad F(t)$——力矩阵。

本文采用瑞利阻尼矩阵，阻尼矩阵的与质量矩阵和刚度矩阵有关，是质量矩阵和刚度矩阵的线性组合，从而阻尼矩阵的表达式如式(10-6) 所示

$$[C]=\alpha[M]+\beta[K] \tag{10-6}$$

式中　α——质量阻尼系数；

$\quad\quad\beta$——刚度阻尼系数。

瑞利阻尼系数可由体系的两个振型决定，其计算公式如式(10-7) 和式(10-8) 所示

$$\alpha=\frac{2\omega_1\omega_2(\zeta_1\omega_2-\zeta_2\omega_1)}{\omega_2^2-\omega_1^2} \tag{10-7}$$

$$\beta=\frac{2(\zeta_1\omega_2-\zeta_2\omega_1)}{\omega_2^2-\omega_1^2} \tag{10-8}$$

式中　ζ_1——体系第 i 阶振型的阻尼比；

ζ_2——体系第 j 阶振型的阻尼比；

ω_1，ω_2——ζ_1，ζ_2 所对应的自振频率。

10.2.2 软硬互层边坡的数值仿真模型

研究边坡位于某铁路 DK199＋000～250 段，属河谷型地貌，地面高程 588～690m，相对高差 10～12m。边坡平均坡度约 40°，局部坡度可达 75°～85°。该边坡为砂泥岩互层中缓型横向坡，且由于岩体在空间上岩性的差异导致整个坡体呈阶梯状，陡缓交替出现，边坡局部常发育有危岩体。区内砂岩岩石坚硬，自身抗风化能力较强，泥岩岩质相对较软，自身抗风化能力较弱。研究边坡的岩土材料参数见表10-5。

本文采用有限元法建立边坡的概化仿真模型（图 10-11 所示），其中自然边坡高 100m，为使边界对计算结果产生的影响变小，把模型的范围取得足够大，从而使边界反射的影响尽可能地小，即模型的坡脚前缘岩体宽度取150m（1.5H），坡脚后缘宽度取 200m（2.5H），模型高度取 200m（2H）。采用黏弹性动力人工边界，有限元模型底部为竖向约束，左右边界水平约束，其他边界自由约束，地震波分别在水平方向和竖向施加。在进行动力计算时，网格划分的尺寸受输入地震波的最短波长控制，网格的最大尺寸必须小于输入地震波最短波长的 1/10～1/8。单元类型选用 Solid-2D 单元。本文沿着边坡的高度方向分别在边坡岩层变化和边坡坡度改变位置设置了监测点，如图 10-11 所示。

表 10-5　岩土材料参数

岩层	弹性模量 E/MPa	泊松比 μ	密度 /（kg/m³）	内聚力 /MPa	内摩擦角 /（°）	抗拉强度/MPa
砂岩	$2.5×10^{-4}$	0.16	2580	2.5	42	3.6
泥岩	$1.77×10^{-4}$	0.21	2483	1.2	32	0.58

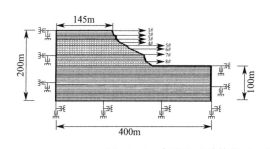
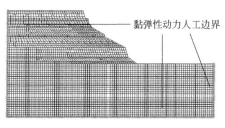

图 10-11　高陡边坡计算模型（扫描前言二维码查看彩图）

由于水平地震荷载是边坡失稳的主要作用力，在计算中重点考虑了边坡的水平地震动力响应。模型采用弹塑性本构关系，即摩尔-库仑强度准则。

本章首先对未采用黏弹性动力人工边界时的高陡岩质边坡模型进行了时程分析，发现由于地震波在边界处发生，计算的边坡加速度明显偏大，因此为了提高计算结果的精度，本文采用黏弹性动力人工边界来模拟，利用连续分布的弹簧-阻尼单元进行模拟，其中参数计算如式(10-9) 和（10-10）所示

$$K_{法} = \alpha_{法} \frac{G}{R}, C_{法} = \rho C_S \qquad\qquad (10\text{-}9)$$

$$K_{切} = \alpha_{切} \frac{G}{R}, C_{切} = \rho C_P \qquad\qquad (10\text{-}10)$$

式中　$K_{法}$，$K_{切}$——弹簧法向和切向刚度；

C_S，C_P——弹簧法向和切向阻尼系数，$C_S = \sqrt{\dfrac{\lambda + 2G}{\rho}}$；

$C_P = \sqrt{\dfrac{G}{\rho}}$——S 波和 P 波的波速；

ρ、G——介质的密度和剪切模量；

R——波源至人工边界的距离；

$\alpha_{法}$，$\alpha_{切}$——黏弹性动力人工边界修正系数，本文取值 1 和 0.5。

10.2.3　地震波选择及边坡自振特性

依据日本《道路橋示方書·同解說（工共通編）》中的规定，分别选取 I 类场地中板块边界型地震波（以下简称 T1）和内陆直下型地震波（以下简称 T2）作为远场和近场地震波进行计算（地震加速度时程如图 10-12 所示），路堑边坡所在地区基本烈度为 7 度，因此，本章将地震加速度峰值按照 7 度抗震设防烈度调整为 100cm/s^2。表 10-6 列出所选地震记录的基本特性。采用在工程中应用最为广泛的比例调整法，以水平与竖直的加速度幅值为 1∶0.65 的规范要求进行调幅。

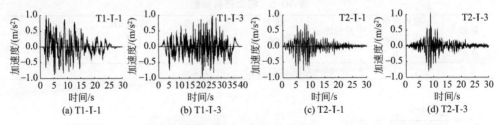

图 10-12　地震加速度记录

表 10-6　地震记录基本特性

类型编号	地震名称	震级	震中距离/km	记录地点	加速度峰值/(cm/s²)
T1-I-1	1978 年宫城县原野地震	7.4	100	开北桥地基	318.84
T1-I-3	1993 年北海道西南海域地震	8.1	161	七峰桥地基	322.70
T2-I-1	1995 兵库县南部地震	7.2	—	JR 鹰取站	812.02
T2-I-3			47	猪名川高阪桥地基	780.00

本文做出了近远场地震波的加速度反应谱，如图 10-13 所示。板块边界型地震波（T1），对应的谱值集中分布在周期 0.25～1.5s 内，周期域分布较宽，并且对于周期大于 1.5s 的结构，加速度反应随着结构自振周期增大下降得较缓慢。而内陆直下型地震波（T2），加速度反应谱卓越周期平台较短，对应的谱值主要集中分布在周期 0～0.8s 内，且对于周期大于 0.8s 的结构自振周期下降得比较快，即加速度反应随着结构自振周期增大，反应加速度下降速度比板块边界型地震波

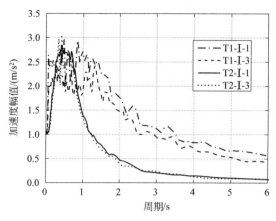

图 10-13　地震波反应谱（扫描前言二维码查看彩图）

（T1）快。

共振效应是导致岩质边坡破坏的主要原因之一，基于此，本章用分块 Lanczos 法计算了边坡的自振频率和振型。边坡的振动特征主要由边坡的低阶自振频率决定，因此，本文提取了边坡的前 5 阶固有周期和振型，如表 10-7 所示。

表 10-7　边坡的前 5 阶固有周期和振型（扫描前言二维码查看彩图）

模态	固有周期/Hz	振型	振型描述
1	0.25		竖直方向振动
2	0.21		水平方向振动
3	0.19		两阶振动,水平为主
4	0.14		两阶振动,竖向为主
5	0.12		三阶振动,平面内扭转为主

从前 5 阶振型（表 10-7）可以看出，边坡的振动主要发生在坡面处，由此可知，在地震发生时，坡面振动相对强烈，此处将是边坡中较为薄弱的部位，决定了边坡的破坏易从坡面开始发生崩塌破坏。且当地震波的频率与边坡的某一固有频率一致时，可能会产生共振现象。根据上述规律，可以在边坡的抗震设计中考虑地震波频率与边坡自振频率的关系，采取适宜的治理措施，从而降低边坡的震害效应。

10.2.4　近远场地震对边坡的动力响应的影响规律

边坡的动力响应主要包括加速度、速度、位移、应力和应变响应等，其中边坡的加速度响应及其分布规律是评价边坡地震动力响应性状的基本资料。基于此，本章分别选取边坡加速度、速度、位移和应力作为研究对象，计算了其在近远场地震作用下的变化规律。

　　岩体中应力场分布是研究边坡动力响应的重要内容，应力的分布对于岩石的稳定性具有决定性作用，它决定了岩石在加载后是否变形或发生破坏。基于此，本章计算了近远场地震作用下边坡的最大剪应力和最大主应力，如图 10-14 所示。

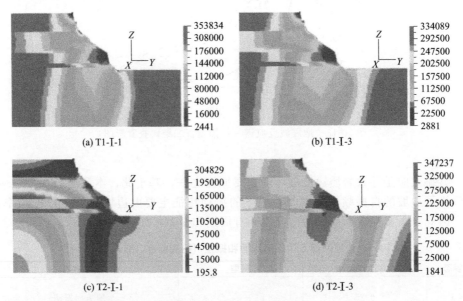

图 10-14　近远场地震作用下边坡的最大剪切应力和最大主应力（扫描前言二维码查看彩图）

　　由图 10-14 可知，在远场地震作用下，坡表地形突兀的位置地震力响应敏感，在边坡的中上部出现了剪应力最大值，大小为 353.83kPa，见图 10-14(a)，说明该区域有可能出现剪切破坏，最小剪应力集中于坡顶和坡脚。而在近场地震作用下边坡剪应力最大值出现在坡内，大小为 347.24kPa，见图 10-14（d）；最小剪应力与近场地震作用下分布位置相同，主要集中于坡顶和坡脚。且远场地震作用下边坡的最大剪应力平均值（343.96kPa）要大于近场地震作用下最大剪应力的平均值（326.03kPa），即远场地震作用下最大剪应力大于近场地震作用下的 5.5%；同样远场地震作用下最小剪应力可达近场地震作用下的最小剪应力的 40.09%。这可在近远场地震波的反应谱中得到解释。

　　由图 10-15 可知，无论在近场地震还是远场地震作用下，最大主应力出现在边坡的中上部，这些部位在动应力和静应力的耦合作用下容易产生拉应力，所以对于岩质边坡，上部的破坏应该是以沿结构面不连续面的拉张破坏为主，随着边坡高度的降低，边坡动力响应逐渐减弱，岩土体的自重应力增大，岩土体在动应力和静应力的作用下产生的拉应力逐渐减小，直至出现压应力。远场地震作用下边坡拉伸区域主要集中于坡体模型上部 55～75m 范围内，最大值为 708.67kPa，如图 10-15（a）所示，压缩区域则集中于坡体模型坡脚位置。近场地震作用下边坡拉伸区域主要集中于坡体模型上部 67～75m 范围内，最大值为 653.36kPa，如图 10-15（d）所示，而不同于远场地震，其最大压缩应力不仅出现在坡脚，而在坡顶小范围内也

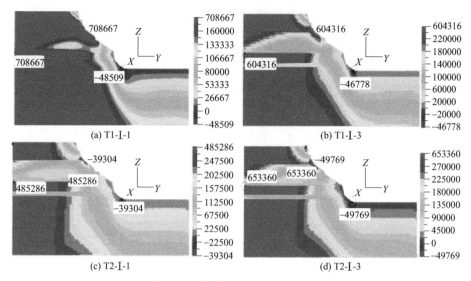

图 10-15　近远场地震作用下边坡的最大主应力（扫描前言二维码查看彩图）

出现了压缩应力。因此，在动荷载的作用下，远场地震作用下边坡拉伸区域范围要远大于近场地震作用下的拉伸区域，即远场地震作用下坡顶附近岩体相对近场地震作用下容易发生拉张破坏，此将为边坡预测预报及整治提供依据。此外，远场地震作用下边坡的平均最大拉伸应力（656.49kPa）大于近场地震作用下的平均最大拉伸应力（569.33kPa），即远场地震作用下最大拉伸应力比近场地震作用下的拉伸应力增加 15.3%，且远场地震作用下边坡的平均最大压缩应力（47.65kPa）比近场地震作用下平均最大压缩应力（44.54kPa）增大 6.97%。

10.2.5　近远场地震作用下岩质边坡动力放大效应

为了研究地震作用下高陡岩质边坡的动力放大效应，定义动力放大系数 $\delta = F(h)/F_0$，其中，$F(h)$ 为随着边坡高度 h 处的动力响应值，F_0 为边坡坡脚处的动力响应值。计算出边坡的加速度、速度、位移的动力放大系数，如图 10-16 所示。其中近场地震计算值取两组地震波的平均值。

由图 10-16 可知，近场地震作用下（内陆直下型）边坡的加速度放大系数随着边坡高即边坡中上部岩体的加速度反应较为强烈。其垂直放大作用可从地震波频谱特性变化规律做出解释。远场地震作用下（板块边界型）边坡的加速度放大系数与近场地震作用下表现出不同的变化规律，远场地震作用下随着边坡高度的增加，加速度放大系数呈现增大-减小-增大的趋势，最大值出现在坡顶处。近场地震作用下边坡的加速度放大系数呈现出增大的趋势，且当达到某一高度处（79m）呈现线性增加，最大值出现在坡顶处。即在近场和远场地震作用下边坡中上部岩体的加速度反应较为强烈，表现出动力反应的"鞭梢"效应。分析其原因，入射的地震波传播到坡面时将产生波场分裂现象，分解为同类型的反射波和新类型的反射波（转换波），各种类型的波相互叠加形成复杂的地震波场，使得加速度峰值在靠近坡肩段急剧增大。且当边坡达到一定高度时（59m），近场地震作用下边坡的加速度放大

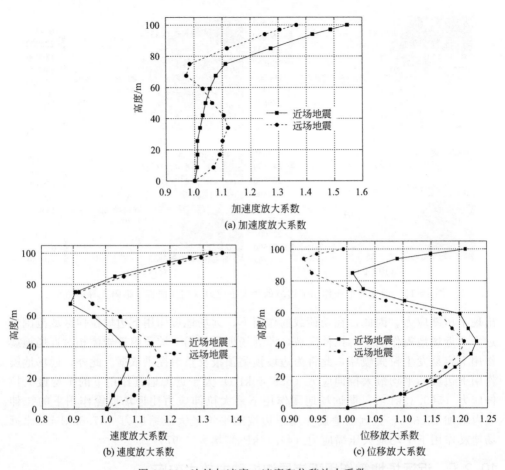

(a) 加速度放大系数

(b) 速度放大系数

(c) 位移放大系数

图 10-16　边坡加速度、速度和位移放大系数

系数将超过远场地震作用下的加速度放大系数，最大可增加 13%。因此，边坡进行抗震加固时应予以注意。在近场地震和远场地震作用下边坡的位移放大系数和速度放大系数表现出相同的变化规律，即随着边坡高度的增加，其分别呈现出增大-减小-增大的趋势，但最大值出现的位置不同，速度放大系数的最大值出现在坡顶处，而位移放大系数的最大值出现在边坡某一高度处（本文计算高度为 42m）。

震波频谱特性变化规律可以反映出边坡的垂直放大作用，基于此，本章分别提取了坡底、坡腰、坡顶的加速度和位移反应的傅里叶谱曲线，如图 10-17 和图 10-18 所示。

由图 10-17 可以看出，由于输入地震波在介质内部的自由面、材料交界面等处存在复杂的反射、折射和衍射现象，不同频段的地震波分量在岩体中的传播规律有较大区别。坡顶、坡腰和坡脚在近场地震作用下的加速度卓越频率要主要集中在 1～4Hz，远场地震作用下加速度卓越频率主要集中在 4～10Hz，即远场地震波对边坡振动能量影响的主要频段大于近场地震。且在模型自振频率附近，其频谱成分变化的幅度较之其他频段显著增加。由图 10-18 可以看出，近场地震对高陡岩质边坡位移反应的主要影响频段为 2～5Hz，其中以 3～5Hz 频段为主。远场地震对岩

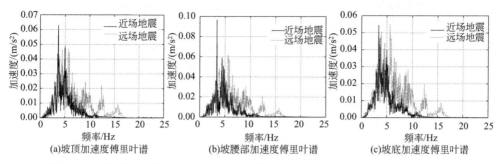

图 10-17　坡顶、坡腰和坡底加速度反应傅里叶谱（扫描前言二维码查看彩图）

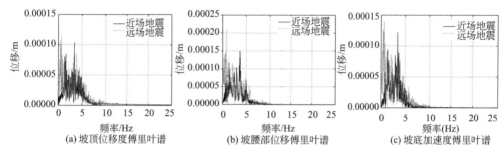

图 10-18　坡顶、坡腰和坡底位移反应傅里叶谱（扫描前言二维码查看彩图）

质边坡位移响应峰值的主要影响频段为 0～3Hz，其中以 0～1Hz 为主，即远场地震作用下边坡的加速度卓越频率要大于近场地震波下的加速度卓越频率。而地震波型对于位移卓越频率的影响则与加速度相反，远场地震作用下边坡的位移卓越频率小于近场地震作用下的位移卓越频率。且在近远场地震作用下，坡体由下到上对应的加速度和位移的傅里叶频谱值随着边坡高度的增加均表现出先增大后减小的趋势。由此可见，岩质边坡自身材料阻尼的存在，能吸收一部分波的能量，且输入地震波经过模型岩体介质传播后，其频谱特性发生了明显的改变。

10.3　本章小结

本章针对两种典型岩质边坡（顺层边坡和软硬互层边坡）的地震稳定性进行了分析，研究了顺层边坡结构面各因素对边坡安全系数和破坏模式的影响规律，并基于正交实验分析了结构面各参数对边坡稳定性影响的敏感性；考虑水平地震和竖向地震共同作用下，基于软硬互层高陡边坡的二维有限元仿真模型研究了近远场地震作用下边坡的动力响应规律及边坡响应的频谱特性。得出的主要结论如下。

① 当结构面强度参数小于边坡岩体强度参数时，随着结构面强度参数增加，安全系数近于线性增加，破坏模式以顺层滑移破坏模式为主；当结构面参数大于边坡岩体强度参数时，随着结构面强度参数的增加，边坡安全系数逐渐趋于定值，破坏模式由顺层滑移变为滑移-溃屈破坏，且滑移面由平面变为圆弧面。

② 结构面刚度和结构面间距对安全系数的影响较小，且随着结构面刚度和间

距的增大，边坡破坏模式主要表现为沿着结构面层面顺层滑动破坏。

③ 当结构面倾角小于坡角时，随着结构面倾角的增大边坡安全系数有减小的趋势，主要以顺层滑移破坏为主，当结构面倾角大于坡角且小于某一临界角度值时，随着结构面倾角的增大，安全系数呈现增大的趋势，主要以滑移-溃屈破坏为主，直到结构面倾角超过临界值之后，随着结构面倾角的增大，边坡的安全系数又出现减小的趋势，且破坏模式转变为倾倒破坏。

④ 基于正交实验获取了结构面不同因素对边坡稳定性影响的主次顺序，得出岩体结构面黏聚力对岩质边坡的稳定性影响最大，其次是结构面内摩擦角、结构面倾角、结构面间距和结构面刚度。

⑤ 远场地震作用下边坡的最大剪应力出现在边坡中上部，而近场地震作用下边坡最大剪应力出现在坡内，且近远场地震作用下边坡的最大剪应力大于近场地震作用下最大剪应力5.5%，最小剪应力为近场地震作用下的40.09%。远场地震作用下边坡拉伸区域主要集中于坡体模型上部55～75m范围内，近场地震作用下为67～75m范围内，且远场地震作用下边坡的平均最大拉伸应力（656.49kPa）为近场地震作用下的15.3%，平均最大压缩应力（47.65kPa）为6.97%。

⑥ 远场地震作用下（板块边界型）边坡的加速度放大系数随着边坡高度的增加呈现出增大-减小-增大的趋势，而近场地震作用下边坡加速度放大系数呈现增大趋势，当达到某一高度处呈现线形增加的趋势，且在近远场地震作用下边坡加速度放大系数最大值都出现在坡顶，均表现出动力反应的"鞭梢"效应。在近场地震和远场地震作用下边坡的位移放大系数和速度放大系数表现出相同的变化规律，但最大值出现的位置不同，速度放大系数的最大值出现在坡顶处，而位移放大系数的最大值出现在边坡某一高度处（42m）。

⑦ 远场地震波对边坡振动能量影响的主要频段大于近场地震，而对于位移的影响却相反，远场地震作用下边坡的位移卓越频率小于近场地震作用下的卓越频率。且在近远场地震作用下，坡体由下到上对应的加速度和位移傅氏谱值随着边坡高度增加均表现出先增大后减小的趋势。

参考文献

[1] 王辉. 中国区域降水时空变化模式分析 [D]. 青岛：山东科技大学，2011.

[2] 魏峰，赵玉成，王朋. 渗流影响下边坡稳定性与破坏性研究 [J]. 煤炭技术，2017，36（1）：168-170.

[3] 杜守继，职洪涛，周枝华. 岩石节理剪切过程中应力与渗流特性的数值模拟 [J]. 岩石力学与工程学报，2008，27（12）：2475-2481.

[4] 朱彦鹏，魏升华. 深基坑支护桩与土相互作用的研究 [J]. 岩土力学，2010，31（9）：2840-2844.

[5] 张青宇. 三峡库区典型顺层岸坡变形破坏机制和稳定性研究 [D]. 成都：成都理工大学，2011.

[6] 蒋爵光. 铁路岩石边坡 [M]. 北京：中国铁道出版社，1997.

[7] 郑颖人，赵尚毅. 岩土工程极限分析有限元法及其应用 [J]. 土木工程学报，2005，38（1）：91-98.

[8] 郑颖人，赵尚毅，李安洪，等. 有限元极限分析法及其在边坡中的应用 [M]. 北京：人民交通出版社，2011.

[9] Zienkiewicz O C，Humpheson C，Lewis R W. Associated and Non-Associated Visco-Plasticity and Plasticity in Soil Mechanics [J]. Geotechnique，1975，25（4）：671-689.

[10] M. Rabie. Comparison Study between Traditional and Finite Element Methods for Slopes under Heavy Rainfall [J]. HBRC Journal，In Press，Corrected Proof，2014.

[11] Randall W. Jibson. Methods for Assessing the Stability of Slopes during Earthquakes-A Retrospective [J]. Engineering Geology，2011，122（1-2）：43-50.

[12] L. Siad. Seismic Stability Analysis of Fractured Rock Slopes by Yield Design Theory [J]. Soil Dynamics and Earthquake Engineering，2003，23（3）：203-212.

[13] M. G. Angeli，J. Buma，P. Gasparetto. A Combined Hill Slope Hydrology/Stability Model for Low-Gradient Clay Slopes in the Italian Dolomites [J]. Engineering Geology，1998，49：1-13.

[14] Sudret B，Kiureghian A D. Comparison of Finite Element Reliability Methods [J]. Probabilistic Engineering Mechanics，2002，17：338-348.

[15] 郑颖人，叶海林，黄润秋. 地震边坡破坏机制及其破裂面的分析探讨 [J]. 岩石力学与工程学报，2009，28（8）：1714-1723.

[16] 郑颖人，叶海林，黄润秋，等. 边坡地震稳定性分析探讨 [J]. 地震工程与工程振动，2010，30（2）：173-180.

[17] 王建钧，曹净. 岩质陡高边坡稳定性分析方法与治理方案探讨 [J]. 岩土工程界，2007，10（12）：58-62.

[18] 李帆，杨建国. 黄土边坡稳定性分析方法研究. 铁道工程学报，2008，12：33-36.

[19] 谭晓慧. 边坡稳定的非线性有限元可靠度分析方法研究 [J]. 岩石力学与工程学报，2008，27（8）：8-9.

[20] 汪世晗. 强度折减法在路基边坡的应用 [J]. 北方交通，2009，12：10-12.

[21] 王威，田杰，王志涛，等. 基于分形插值模型的边坡地震稳定性评价方法 [J]. 郑州大学学报，2011，32（6）：58-62.

[22] 杨长卫，张建经，周德培. SV 波作用下岩质边坡地震稳定性的时频分析方法研究 [J]. 岩石力学与工程学报，2013，32（3）：483-489.

[23] 徐存东，张硕，左罗. 基于可拓学理论的坝坡稳定性评价方法 [J]. 水电能源科学，2013，31（2）：146-149.

[24] 董捷，宋绪国，许再良. 铁路顺层路堑边坡稳定性分析方法研究 [J]. 铁道工程学报，2013，174

(3): 19-24.

[25] 肖锐铧，王思敬，贺小黑，等. 非均质边坡多级稳定性分析方法 [J]. 岩土工程学报，2013，35（6）: 1062-1068.

[26] 董建华，朱彦鹏，马巍. 锚固边坡地震动力稳定性计算方法 [J]. 振动工程学报，2013，26（4）: 634-640.

[27] 李元松，陈文峰，李新平，等. 基于模糊神经网络的边坡稳定性评价方法 [J]. 武汉理工大学学报，2013，35（1）: 113-118.

[28] 徐栋栋. 地震作用下不定位块体动安全系数计算与评价方法的探讨 [J]. 长江科学院学报，2011，28（8）: 46-54.

[29] 陈善雄，陈守义. 考虑降雨的非饱和土边坡稳定性分析方法 [J]. 岩土力学，2001，22（4）: 447-450.

[30] 靳付成. 边坡稳定性分析方法的研究现状与展望 [J]. 西部探矿工程，2007（4）: 5-9.

[31] 王玉平，曾志强，潘树林. 边坡稳定性分析方法综述 [J]. 西华大学学报（自然科学版），2012，31（2）: 101-105.

[32] 殷宗泽，徐彬. 反映裂隙影响的膨胀土边坡稳定性分析 [J]. 岩土工程学报，2011，33（3）: 454-459.

[33] 张强勇，张绪涛. 雾化雨入渗影响下的岩体边坡稳定性分析方法及其应用 [J]. 岩土工程学报，2007，29（10）: 1572-1576.

[34] 高涛，毛巨省，罗建峰. SLOPE/W 程序在土质边坡稳定性分析中的应用 [J]. 西安科技大学学报，2006，26（2）: 184-188.

[35] Newmark N. M. Effects of Earthquakes On Dams and Embankments [J]. Gotech- nique1965，15（2）: 139-59.

[36] 王笃波，刘汉龙，于陶. 基于变形的土石坝地震风险分析 [J]. 岩土力学，2012，33（5）: 1479-1483.

[37] Finn W D L，Yogendrakumar M，Yoshida M，et al. A Programme to Compute the Response of 2-D Embankments and Soil-Structure Interaction Systems to Seismic Loadings [R]. Vancouver: Department of Civil Engineering，University of British Columbia，1986.

[38] A. S. Al-Homoud，W. W. Tahtamonib. Reliability Analysis of Three Dimensional Dynamic Slope Stability and Earthquake-Induced Permanent Displacement [J]. Soil Dynamics and Earthquake Engineering，2000，19: 91-114.

[39] Randall W. Jibson. Methods for Assessing the Stability of Slopes during Earthquakes-A Retrospective [J]. Engineering Geology，2011，122: 43-50.

[40] Ellen M. Rathje，George Antonakos. A Unified Model for Predicting Earthquake Induced Sliding Displacements of Rigid and Flexible Slopes [J]. Engineering Geology，2011，122: 51-60.

[41] Chang C J，Chen W F，Yao J T P. Seismic Displacements in Slopes by Limit Analysis [J]. Journal of Geotechnical and Geoenvironmental Engineering，1984，110（7）: 860-874.

[42] Ling H I，Leshchinsky D，Perry E B. Seismic Design and Performance of Geosynthetic-Reinforced Soil Structures [J]. Geotechnique，1997，47（5）: 933-952.

[43] Ling H I，Leshchinsky D. Effects of Vertical Acceleration on Seismic Design of Geosynthetic-Reinforced Soil Structures [J]. Geotechnique，1998，48（3）: 347-373.

[44] Ausilio E，Conte E，Dente G. Seismic Stability Analysis of Reinforced Slopes [J]. Soil Dynamics and Earthquake Engineering，2000，19（3）: 159-172.

[45] Ausilio E，Conte E，Dente G. Stability Analysis of Slopes Rreinforced with Piles [J]. Computers and Geotechnics，2001，28（8）: 591-611.

[46] Jin Man Kim，Nicholas Sitar. Probabilistic Evaluation of Seismically Induced Permanent Deformation of Slopes [J]. Soil Dynamics and Earthquake Engineering，2012，44（1）: 67-77.

[47] 王思敬，张菊明. 岩体结构稳定性的块体力学分析 [J]. 地质科学，1980，（1）: 19-33.

[48] 王思敬，薛守义. 岩质边坡楔形体动力学分析 [J]. 地质科学. 1992，（2）: 177-182.

[49] 薛守义，王思敬. 刘建中. 块状岩体边坡地震滑动位移分析 [J]. 工程地质学报. 1997，5（2）: 131-136.

[50] 黄建梁，王威中，薛宏交. 坡体地震稳定性的动态分析 [J]. 地震工程与工程振动，1997，17（4）: 113-121.

[51] 陈玲玲，陈敏中，钱胜国. 岩质陡高边坡地震动力稳定分析 [J]. 长江科学院院报，2004，21（1）: 34-36.

[52] 罗渝，何思明，吴永，等. 地震作用下滑坡永久位移预测 [J]. 自然灾害学报，2012，21（1）:

118-122.

[53] 祁生林，祁生文，伍法权，等．基于剩余推力法的地震滑坡永久位移研究 [J]．工程地质学报，2004，12 (1)：63-68.

[54] 肖世国，祝光岑．悬臂式抗滑桩加固黏土边坡地震永久位移算法 [J]．岩土力学，2013，34 (5)：1345-1350.

[55] 林宇亮，杨果林．不同压实度路堤边坡的地震残余变形特性 [J]．中南大学学报，2012，43 (9)：3631-3637.

[56] 董建华，朱彦鹏．地震作用下土钉支护边坡永久位移计算方法研究 [J]．工程力学，2011，28 (10)：101-103.

[57] 李元雄，晏鄂川，杨彪．地震作用下土质边坡动力稳定性分析 [J]．路基工程，2012，2：32-35.

[58] 徐光兴，姚令侃，李朝红．地震作用下土质边坡永久位移分析的能量方法 [J]．四川大学学报，2010，42 (5)：286-291.

[59] 卢坤林，朱大勇，朱亚林，等．三维边坡地震永久位移初探 [J]．岩土力学，2011，32 (5)：1425-1429.

[60] 钱海涛，张力方，兰景岩，等．强震作用下山区滑坡稳定临界位移分析 [J]．岩石力学与工程学报，2012，31 (1)：2619-2628.

[61] 刘忠玉，魏建东．饱和黄土边坡的动力稳定性分析 [J]．岩土力学，2005，26 (2)：198-202.

[62] 何思明，张晓曦，欧阳朝军．超前支护桩加固高切坡的静动力响应与永久位移预测研究 [J]．四川大学学报（工程科学版），2010，42 (5)：127-133.

[63] 赵炼恒，罗强，李亮，等．地下水位变化对边坡稳定性影响的上限分析 [J]．公路交通科技，2010 (7)：1-7.

[64] 刘翠荣．地下水位变化对边坡稳定的影响 [J]．铁道建筑，2005 (9)：79-81.

[65] 张卢明，何敏，郑明新，等．降雨入渗对滑坡渗流场和稳定性的影响分析 [J]．铁道工程学报，2009 (7)：15-19.

[66] 金艳丽，戴福初．地下水位上升下黄土斜坡稳定性分析 [J]．工程地质学报，2007，(5)：599-606.

[67] Kim J M，Salgado R，Yu H. S1 Limit Analysis of Soil Slope Subjected to Pore Water Pressures [J]. Journal of Geotechnical and Geoenvironmental Engineering，ASCE，1999，125 (1)：49-581.

[68] 殷建华，陈健，李棹芬．考虑孔隙水压力的土坡稳定性的刚体有限元上限分析 [J]．岩土工程学报，2003，25 (3)：273-279.

[69] 王均星，李泽，陈炜．考虑孔隙水压力的土坡稳定性的有限元下限分析 [J]．岩土力学，2005，26 (8)：1258-1265.

[70] 王均星，李泽．考虑孔隙水压力的土坡稳定性的有限元上限分析 [J]．岩土力学，2007，28 (2)：213-218.

[71] G. W. Jia，Tony L. T. Zhan，Y. M. Chen，et al. Performance of a Large-Scale Slope Model Subjected to Rising and Lowering Water Levels [J]. Engineering Geology，2009，106 (2)：92 - 103.

[72] Griffiths D V，Lane P A. Slopes Stability Analysis by Finite Elements [J]. Geotechnique，1999，49 (3)：388-403.

[73] Lane P A，Griffiths D V. Assessment of Stability of Slopes under Drawdown Conditions [J]. Journal of Geotechnical and Geoenviromental Engineering，2000，126 (5)：443-450.

[74] Dawson E M，Koth W H，Drescher. A1 Slope Stability Analysis by Strength Reduction [J]. Geotechnique，1999，49 (6)：835- 8401.

[75] 吉同元，胡光伟．地下水对边坡稳定性影响的数值模拟研究 [J]．工程地质学报，2007，15：118-118.

[76] 朱向东，尚岳全．地下水对碎石土类边坡稳定性影响分析 [J]．地质灾害与环境保护，2008，9 (3)：42-45.

[77] 何朋朋，姚磊华，刘立鹏．地下水位随机性影响下的边坡可靠性分析 [J]．2009，39 (2)：288-292.

[78] 贾官伟，詹良通，陈云敏．水位骤降对边坡稳定性影响的模型试验研究 [J]．岩石力学与工程学报，2009，28 (9)：1798-1803.

[79] 邓睿．地下水位变化对路基稳定性影响分析 [J]．铁道工程学报，2014，184 (1)：37-42.

[80] 陶丽娜，阎宗岭，贾学明，等．库水位变化对路基边坡稳定性的影响研究 [J]．公路交通技术，2014，1：1-6.

[81] 马宗源，廖红建，祈影．复杂应力状态下土质高边坡稳定性分析 [J]．岩土力学，2010，31 (2)：329-334.

[82] 刘东燕，辜文杰，侯龙．降雨及地下水位对三峡库区非饱和土边坡稳定性的影响 [J]．水利水电技术，2013，44 (7)：111-115.

[83] 张卫民，陈兰云. 地下水位线对土坡稳定的影响分析 [J]. 岩石力学与工程学报，2005，24（supp2）：5319-5322.

[84] 张少琴，向玲，王力. 降雨作用下不同库水位升降速率对某滑坡稳定性的影响 [J]. 浙江水利科技，2014（2）：70-76.

[85] 梁学战，唐红梅，向杰. 库水位升降作用下土质边坡渗流场动态变化研究 [J]. 人民长江，2013，44（9）：55-59.

[86] Stamatopoulos C A，Bassanou M，Brennan A J，et al. Mitigation of the Seismic Motion near the Edge of Ciff-type Topographies [J]. Soil Dynamics and Earthquake Engineering，2007，27（12）：1082-1100.

[87] Wartman J. Physical Model Studies of Seismically Induced Deformations in Slopes [D]. Berkeley，California：University of California，1999.

[88] S. G. Wright，E. M. Rathje. Triggering Mechanisms of Slope Instability and their Relationship to Earthquakes and Tsunamis [J]. Pure and Applied Geophysics，2003，160（10）：1865-1877.

[89] Lin M L，Wang K L. Seismic Slope Behavior in a Large Scale Shaking Table Model Test [J]. Engineering Geology，2006，86（2）：118-133.

[90] Katz O，Aharonov E. Landslides in Vibrating Sand Box：What Controls Types of Slope Failure and Frequency Magnitude Relations [J]. Earth and Planetary Science Letters，2006，247（3）：280-294.

[91] 郑敏政. 地震模拟实验中相似律应用的若干问题 [J]. 地震工程与工程振动，1997，17（2）：52-58.

[92] 尚义敏，彭斌，梅涛. 地下水位变化对边坡稳定性影响的模拟分析 [J]. 环境科学与技术，2013，36（6L）：366-368.

[93] A. S. Lo Grasso，M. Maugeri，P. Recalcati. Seismic Behaviour of Geosinthetic-Reinforced Slopes With Overload By Shaking Table Tests [J]. ASCE，GSP：1-14.

[94] Joseph Wartman，Raymond B. Seed and Jonathan D. Bray. Shaking Table Modeling of Seismically Induced Deformations in Slopes [J]. Journal of Geotechnical and Geoenvironmental Engineering，2005，131（5）：610-622.

[95] Kokusho，T. Ishizawa. Energy Approach to Earthquake-Induced Slope Failures and Its Implications [J]. Journal of Geotechnical and Geoenvironmental Engineering，133（7）：828－840.

[96] Wartman J，Seed R B，Bray J D. Shaking Table Modeling of Seismically Induced Deformations in Slopes [J]. Journal of Geotechnical and Geoenvironment al Engineering，2005，131（5）：610-622.

[97] 叶海林，郑颖人，杜修力，等. 边坡动力破坏特征的振动台模型试验与数值分析 [J]. 土木工程学报，2012，45（9）：129-135.

[98] 黄春霞，张鸿儒，隋志龙，等. 饱和砂土地基液化特性振动台试验研究 [J]. 岩土工程学报，2006，28（12）：2098-2103.

[99] 刘婧雯，黄博，邓辉，等. 地震作用下堆积体边坡振动台模型试验及抛出现象分析 [J]. 岩土工程学报，2014，36（2）：307-311.

[100] 李阳. 李同春. 牛志伟. 边坡动力响应特性及破坏过程的振动台试验研究 [J]. 水电能源科学，2014，32（1）：93-95.

[101] 何刘，吴光，赵志明. 坡面形态对边坡动力变形破坏影响的模型试验研究 [J]. 岩土力学，2014，35（1）：111-117.

[102] 于玉贞，邓丽军. 抗滑桩加固边坡地震响应离心模型试验 [J]. 岩土工程学报，2007，29（9）：1320-1323.

[103] 于玉贞，邓丽军，李荣建. 砂土边坡地震动力响应离心模型试验 [J]. 清华大学学报（自然科学版），2007，47（6）：789-792.

[104] 杨庆华，姚令侃，任自铭，等. 地震作用下松散体斜坡崩塌动力学特性离心模型试验研究 [J]. 岩石力学与工程学报，2008，27（2）：368-374.

[105] 叶海林，郑颖人，杜修力，等. 边坡动力破坏特征的振动台模型试验与数值分析 [J]. 土木工程学报，2012，45（9）：128-135.

[106] 赖杰，郑颖人，刘云. 埋入式抗滑桩抗震性能振动台试验与数值分析 [J]. 岩石力学与工程学报，2013，32（S3）：4165-4173.

[107] 徐光兴，姚令侃，李朝红. 边坡地震动力响应规律及地震动参数影响研究 [J]. 岩土工程学报，2008，30（6）：918-823.

[108] 翟阳，韩国城. 边坡对土坝稳定影响的振动台模型试验研究 [J]. 烟台大学学报：自然科学与工程版，1996（4）：67-71.

[109] 任自铭. 地震作用下斜坡动力响应及稳定性研究 [D]. 成都：西南交通大学，2007.

[110] 徐光兴，姚令侃，高召宁，等. 边坡动力特性与动力响应的大型振动台模型试验研究 [J]. 岩石力学与工程学报，2008，27（3）：624-632.

[111] 黄帅，宋波，蔡德钩．近远场地震下高陡边坡的动力响应及永久位移分析 [J]．岩土工程学报，2013，35（zk2）：768-773.

[112] 朱冬．地震作用下顺层岩质边坡的稳定性分析 [D]．成都：西南交通大学，2010.

[113] 刘红帅，薄景山，刘德东．岩土边坡地震稳定性评价方法研究进展 [J]．防灾科技学院学报，2007，9（3）：1-7.

[114] Duncan J M. State of the Art：Limit Equilibrium and Finite-element Analysis of Slopes [J]．Journal of Geotechnical and Geoenvironmental Engineering，ASCE，1996，122（7）：577-596.

[115] Duncan J M，Wright S G. Soil Strength and Slope Stability [M]．Hoboken：John Wiley & Sons，Inc.，2005.

[116] Abramson L W，Lee T M，Sharma S，et al. Slope Stability and Stabilization Methods [M]．New York：John Wiley & Sons，Inc.，2002.

[117] Craig R F. Craig's Soil Mechanics [M]．London：Spon Press，2004.

[118] Cheng Y M，Lau C K. Slope Stability Analysis and Stabilization New Methods and Insight [M]．Abingdon：Routledge，2008.

[119] 张永利，袁宏，刘亚文，等．复杂环境下瑞典圆弧法的面向对象模型 [J]．解放军理工大学学报，2001，2（4）：1-5.

[120] 胡辉，姚磊华，董梅．瑞典圆弧法和毕肖普法评价边坡稳定性的比较 [J]．路基工程，135（6）：110-112.

[121] 贾俊．强震作用下陡倾顺层岩质边坡动力响应分析及失稳机制研究 [D]．成都：成都理工大学，2011.

[122] 丁王飞．滇西红层软岩地区填方路基边坡抗震稳定性研究 [D]．重庆：重庆交通大学，2010.

[123] 张友锋，袁海平．FLAC3D 在地震边坡稳定性分析中的应用 [J]．江西理工大学学报，29（5）：23-26.

[124] 韩祥森，黄润秋，裴向军．四川某水电站新桥 1# 滑坡体成因及稳定性分析 [J]．水土保持研究，2006，13（3）：146-150.

[125] 王军．高陡岩土边坡有限元分析及综合治理 [D]．长沙：中南大学，2005.

[126] 陈渊召．抗滑桩处治高填方路堤滑坡技术研究 [D]．西安：长安大学，2008.

[127] 李建亮，王春雷，谢强．马水河大桥岸坡稳定性离散单元法分析 [J]．路基工程，2009，142（1）：154-156.

[128] 赵洪波．基于支持向量机的边坡可靠性分析 [J]．岩土工程学报，2007，29（6）：819-823.

[129] 刘晓，唐辉明，熊承仁．边坡动力可靠性分析方法的模式、问题与发展趋势 [J]．岩土力学，2013，34（5）：1217-1231.

[130] 李建习．风浪作用下库岸动力响应及稳定分析 [D]．长沙：长沙理工大学，2008.

[131] 梁收运．石阙子滑坡成因机制和稳定性研究 [D]．兰州：兰州大学，2006.

[132] 李南生，唐博，谈风婕．基于统一强度理论的土石坝边坡稳定分析遗传算法 [J]．岩土力学，2013，34（1）：243-249.

[133] 侯瑜京．土工离心机振动台及其试验技术 [J]．中国水利水电科学研究院学报，2006，4（1）：15-21.

[134] 黄润秋，李为乐．"5·12" 汶川大地震触发地质灾害的发育分布规律研究 [J]．岩石力学与工程学报，2008，27（12）：2585-2591.

[135] 日本鉄道綜合技術研究所．鉄道構造物等設計標準・同解説 [M]．東京：日本鉄道綜合技術研究所，1999.

[136] GB 50111—2006. 铁路工程抗震设计规范 [S].

[137] GB 50330—2013. 建筑边坡工程技术规范 [S].

[138] SL 386—2007. 水利水电工程边坡设计规范 [S].

[139] JTG D30—2015. 公路路基设计规范 [S].

[140] Beskos D E. Boundary Element Methods in Dynamic Analysis：Part II (1986-1996) [J]．Applied Mechanics Reviews，1997，50：149-197.

[141] Dominguez J. Boundary Element Approach for Dynamic Poroelastic Problems [J]．International Journal for Numerical Methods in Engineering，1992，35（2）：307-324.

[142] 李荣建，于玉贞，李广信．土质边坡中部与顶部抗滑桩动力响应和边坡变形比较 [J]．山地学报，2010，28（2）：135-140.

[143] 日本道路協会：道路橋示方書・同解説（Ⅴ耐震設計編）[M]．東京：丸善出版社，2012.

[144] 日本道路協会：道路橋示方書・同解説（Ⅰ共通編）[M]．東京：丸善出版社，2012.

[145] 于玉贞，鵜飼恵三，井田寿朗．抑止杭効果の三次元弾塑性 FEM による評価 [C] //日本地盤工学会，第 31 回地盤工学研究発表会．北海道．1996，31：396-398.

[146] 唐栋，李典庆，周创兵，等．考虑前期降雨过程的边坡稳定性分析 [J]．岩土力学，2013，34（11）：3240-3247.

[147] 周创兵，李典庆．暴雨诱发滑坡致灾机理与减灾方法研究进展 [J]．地球科学进展，2009，24（5）：477-487.

[148] 简文彬，许旭堂，郑敏洲．土坡失稳的有效降雨量研究 [J]．岩土力学，2013，34（S2）：247-251.

[149] Rahardjo H，Lee TT，Leong E C，et al. Responses of a Residual Soil Slope to Rainfall [J]．Canadian Geotechnical Journal，2005，42（3）：340-351.

[150] 童富果，田斌，刘德富．改进的斜坡降雨入渗与坡面径流耦合算法研究 [J]．岩土力学，2008，29（4）：1035-1040.

[151] Tong Fu-guo，Tian Bin，Liu De-fu. A Coupling Analysis of Slope Runoff and Infiltration Under Rainfall [J]．Rock and Soil Mechanics，2008，29（4）：1035-1040.

[152] 唐晓松，赵尚毅，郑颖人，等．渗流作用下利用有限元强度折减法的边坡稳定性分析 [J]．公路交通科技．2007，24（9）：6-10.

[153] 荣冠，王思敬，王恩志，等．强降雨下元磨公路典型工程边坡稳定性研究 [J]．岩石力学与工程学报．2008，27（4）：704-711.

[154] 于玉贞，林鸿州，李荣建，等．非稳定渗流条件下非饱和土边坡稳定分析 [J]．岩土力学．2008，29（11）：2892-2898.

[155] 林鸿州．降雨诱发土质边坡失稳的试验与数值分析研究 [D]．北京：清华大学，2009.

[156] Huang，M. S.，Jia，C. Q. Strength Reduction FEM in Stability Analysis of Soil Slopes Subjected to Transient Unsaturated Seepage [J]．Computers and Geotechnics．2009，36（1-2）：93-101.

[157] 张克绪，谢君斐．土动力学 [M]．北京：地震出版社，1989.

[158] 蒋良潍，姚令侃，王建．基于振动性态和破坏相似的边坡振动台模型实验相似律 [J]．交通科学与工程，2009，25（2）：1-7.

[159] 周纪卿，朱因远．非线性振动 [M]．西安：西安交通大学出版社，1998.

[160] 蒋良潍，姚令侃，王建．基于振动性态和破坏相似的边坡振动台模型实验相似律 [J]．交通科学与工程，2009，2：1-7.

[161] 俞培基，郭锡荣．现场和室内测定土坝填土的动力变形特性 [J]．水利学报，1986（12）：30-37.

[162] 郭莹，栾茂田，董秀竹，等．不同应力条件下砂土动模量特性的试验对比研究 [J]．水利学报，2003（5）：41-45.

[163] 陈祥凯．三维落石运动轨迹之模型试验及现地试验 [D]．云林：云林科技大学，2006.

[164] 黄晓明．公路土工合成材料应用原理 [M]．北京：人民交通出版社，2001.

[165] 唐红梅，易朋莹．危岩落石运动特征研究 [J]．重庆建筑大学学报，2003，25（1）：17-23.

[166] 林景雯．落石运动之模型试验研究 [D]．桃园：中央大学，2000.

[167] 裴向军，黄润秋，裴钻，等．强震触发崩塌滚石运动特征研究 [J]．工程地质学报，2011，19（4）：498 -504.

[168] Sumio Matsuura，Shiho Asano，Takahi Okamoto. Relationship between Rain and/or Meltwater，Pore-water Pressure and Displacement of a Reactivated Landslide [J]．Engineering Geology 101（2008）49-59.

[169] 吴俊杰，王成华，李广信．非饱和土基质吸力对边坡稳定的影响 [J]．岩石力学．2004.05.

[170] 赵吉坤，陈佳虹．降雨条件下土体坡度及含水率对边坡稳定性影响的试验研究 [J]．山东大学学报，43（2）：76-83.